(Electrical Public Works Practical Manager)

전기공무실무관리자

도서출판 전기박사드림

[추천사]

전기공무실무관리자 민간자격증의 출간을 진심으로 축하드립니다. 현대 사회에서 전기 분야의 중요성은 날로 증가하고 있으며, 이에 따라 전문성과 책임감을 갖춘 인재의 필요성이 더욱 강조되고 있습니다. 이 자격증은 그러한 필요를 충족시키기 위한 중요한 이정표가 될 것입니다.

전기공무실무관리자 과정은 이 분야에서의 실무 능력을 향상시키고, 안전하고 효율적인 전기 관리 시스템을 구축하는 데 필수적인 지식을 제공합니다. 이 교재는 체계적이고 실용적인 내용을 바탕으로, 교육받는 모든 분들이 현장에서 즉시 적용할 수 있는 기술과 이론을 습득하도록 도와줄 것입니다.

특히, 전기공무 분야는 안전과 직결되는 만큼, 교육을 통해 배운 내용을 실제 업무에 적용하는 것이 매우 중요합니다. 이 교재는 그러한 실무 능력을 배양하는 데 큰 역할을 할 것입니다. 교육생들이 이 과정에서 얻은 지식을 바탕으로 전기 분야의 안전성과 효율성을 높이고, 나아가 사회에 긍정적인 영향을 미치는 인재로 성장하길 바랍니다.

또한, 이 자격증이 많은 이들에게 새로운 기회를 제공하고, 전기 분야의 지속 가능한 발전에 기여할 수 있기를 기대합니다. 이 프로젝트에 참여한 모든 분들의 노력과 열정에 감사드리며, 앞으로도 계속해서 전기 분야의 발전을 위해 힘쓰시길 바랍니다.

다시 한번, 전기공무실무관리자 민간자격증의 성공적인 출간을 축하드리며, 이 자격증이 많은 사람들에게 귀중한 자산이 되기를 기원합니다.

전기박사 땡추 김종선 대표

2024. 08. 29

[머리말]

안녕하세요. 전기공무실무관리자 민간자격증 교재의 저자, 최대규 대한민국 우숙련기술자 입니다. 이 책을 통해 여러분과 함께 전기공무 분야의 전문성과 안전성을 높이고자 하는 마음으로 글을 씁니다.

현대 사회에서 전기 시스템의 중요성은 갈수록 커지고 있습니다. 전기는 우리 일상생활의 필수 요소이며, 안전한 전기 관리가 이루어져야만 건강하고 지속 가능한 사회를 유지할 수 있습니다. 이에 따라, 전기 분야에서의 전문 인력 양성이 무엇보다도 중요해졌습니다. 이 교재는 그러한 필요를 충족시키기 위해 만들어졌습니다.

이 책은 전기공무실무관리자로서 필수적으로 알아야 할 이론과 실무를 아우르는 내용을 담고 있습니다. 체계적이고 실용적인 접근 방식을 통해, 교육생 여러분이 현장에서 직접 적용할 수 있는 지식을 습득하도록 돕고자 했습니다. 각 장마다 다양한 사례와 문제를 포함하여, 실제 상황에서의 문제 해결 능력을 기를 수 있도록 구성했습니다.

이 과정을 통해 여러분이 전기 분야의 전문가로 성장하길 바라며, 안전하고 효율적인 전기 시스템을 구축하는 데 기여할 수 있기를 희망합니다. 또한, 이 자격증이 여러분에게 새로운 기회를 제공하고, 경력 발전의 디딤돌이 되기를 진심으로 기원합니다.

마지막으로, 이 교재의 출간에 도움을 주신 모든 분들께 깊은 감사의 말씀을 전합니다. 여러분의 열정과 노력이 이 분야의 미래를 밝히는 데 큰 힘이 될 것입니다. 이제 여러분의 도전을 응원하며, 함께 전기공무 분야의 새로운 지평을 열어가길 기대합니다.

감사합니다.

최대규 드림

전기공무실무관리자 교재 저자

INDEX 차례

PART I

전기공사개요

ELECTRICAL PUBLIC WORKS PRACTICAL MANAGER

CHAPTER 01

전기공사 개요

[전기공사란?]

'전기공사'라 함은 전기사업법 제2조 제16호에 따른 전기설비(전기사업용전기설비, 일반용전기설비, 자가용전기설비), 전력사용장소에서 전력을 이용하기 위한 전기계장설비, 전기에 의한 신호표지 등을 설치. 유지. 보수하는공사 및 이에 따른 부대공사를 말한다. 즉 발전. 송전. 변전 및 배전 설비공사, 산업시설물, 건축물 및 구조물의 전기설비공사, 도로, 공항 및 항만의 전기설비공사, 전기철도 및 철도신호의 전기설비공사, 그 외 전기설비공사(유지. 보수포함)를 말한다. 전기공사의 주요 시행업무로는 공동주택 등 건축물의 전기 설비공사, 도로조명 · 신호등 설치공사, 신재생 에너지, 송전(전력구 등) 설비공사등이 있다.

CHAPTER 02

관계법령

1. 전기공사 관련 규정

가. 법령

- 전기사업법
- 전기공사업법
- 전력기술관리법
- 전기용품 및 생활용품 안전관리법

나. 고시 등

- 전력기술관리법 운영요령(산업통상자원부)
- 전기설비기술기준(산업통상자원부)
- 전력시설물공사감리업무수행지침(산업통상자원부)
- 고효율에너지기자재 보급촉진에 관한 규정(산업통상자원부)
- 효율관리 기자재 운영규정(산업통상자원부)
- 건축물의 에너지절약 설계기준(국토교통부)
- 전기용품 및 생활용품 안전관리 운용요령(기술표준원)
- 한국전기설비규정(KEC)

2. 기타관련규정

가. 타공종 관련법령

- 건축법
- 주택법
- 택지개발촉진법
- 공공주택 특별법
- 도시개발법
- 국토의 계획 및 이용에 관한 법률
- 건설기술 진흥법

나. 기타 법령

- 국가를 당사자로 하는 계약에 관한 법률
- 하도급 거래 공정화에 관한 법률
- 중소기업제품구매촉진 및 판로지원에 관한 법률
- 에너지이용합리화법
- 산업표준화법
- 공항시설법
- 산업안전보건법
- 소음·진동관리법
- 장애인복지법
- 주택건설기준 등에 관한 규칙

다. 고시 등

- 계약예규(기획재정부)
- 공사용자재 직접구매 대상품목 지정내역 고시(중소기업청)
- 주택건설기준등에 관한규정(국토교통부)

CHAPTER 03

전기공무

01 공무의 개요

건축공사 현장 착공에서 준공까지 현장 내 직종간 원활한 공사수행을 위해 직·간접적으로 지원을 하고 대내외 창구 역할을 맡아 현장의 살림을 중추적으로 이끌어 가는 사람 또는 업무

※ 공무업무는 크게 나누어 대내 및 대외업무로 나누어진다.

- 대내업무 : 본사와 현장 작업에 필요로 하는 업무 → 하도급계약 , 자재선정 , 월말 손익보고, 공정율 관리 및 분석 등의 업무
- 대외업무 : 대외적으로 공사에 필요로 하는 업무 → 감독관청의 인허가, 발주처에 기성청구, 발주처의 자재 선정승인, 현장의 공정율 보고, 공사계획보고, 기타 발주처에서 필요로 하는 서류를 작성 보고 하는 업무
  - 첫째 : 시공경력 최소한 2개현장 이상(경력5년 이상) → 착공부터 준공까지 공정 흐름 파악
  - 둘째 : 타 공종 및 관리업무의 이해 → 건축뿐만 아니라 토목, 전기, 기계, 자재, 노무, 경리 등 전반적인 공정 흐름을 알아서 서로 협업을 해야 한다.
  - 셋째 : 폭넓은 인간관계 구축 능력 → 많은 이해관계자와의 협의 및 업무 조율
  - 넷째 : 견적 및 도면 수정 수행능력 필요 → 워드, 엑셀, CAD, 인터넷, ERP SYSTEM 운영능력 탁월해야 한다.
  - 다섯째 : 원가 절감의지 또는 관리능력(가장 중요함) → 이를 수행하기 위해서는 회사의 운영방침을 이해하고 책임의식과 전문가로서의 자부심이 필요하다.

1. 공무의 업무내용

① 공사수행기본계획 / 종합시공계획 작성 지원

② 직원 공정회의 준비

③ 현장 공사기록 관리 주관

④ 현장 경영실적 관리

⑤ 민원발생 예방대책 수립 및 시행

⑥ 대관, 건축주, 조합업무 등

⑦ 대감리업무(시공검측, 자재승인, 공정보고 등)

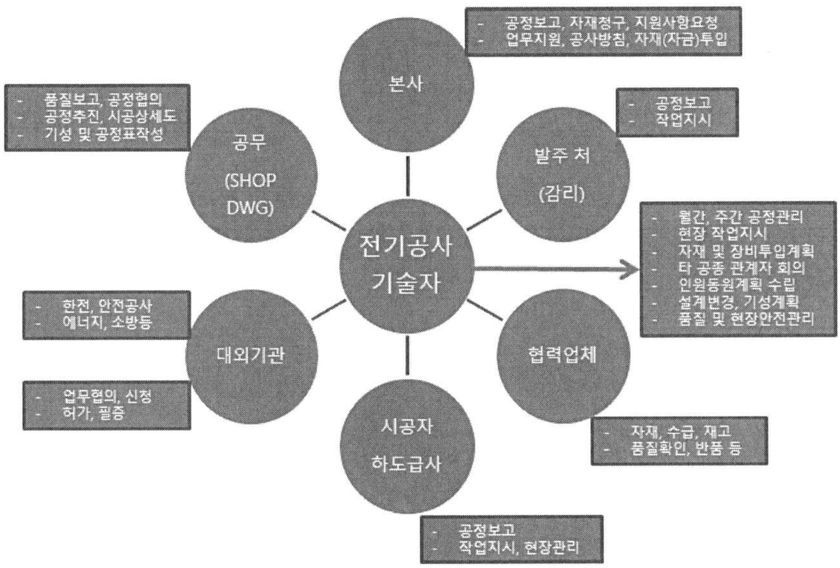

⑧ 공사관리 전반에 대한 보고

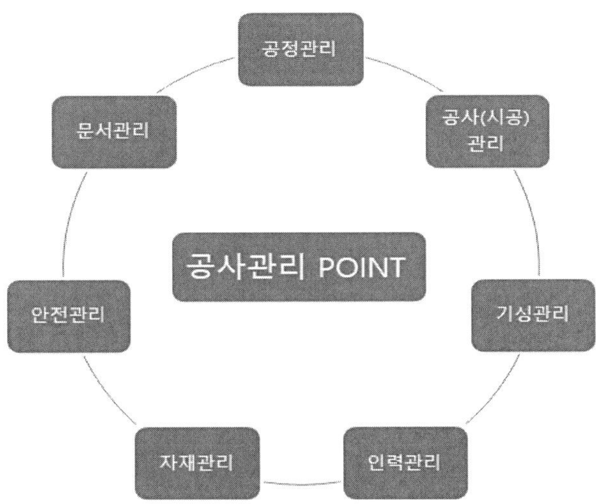

⑨ 현장시공에 대한 원활한 지원업무 및 제반공무, 기술업무지원
⑩ 공정현황 취합 및 원가관리
⑪ 실행물량 관리, 검토 및 승인
⑫ 협력업체 선정시 평가, 참여
⑬ 시공기술과 관련하여 이에 필요한 각 조직과의 기술문제 검토 및 업무조정
⑭ 정보입수 및 전달 등의 업무연락 및 조정
⑮ 환경관리계획서 작성 등 환경관리 전반에 대한 계획 및 조정
⑯ 현장 문서관리체계 수립 및 실시
⑰ 자재관리
⑱ 설계도서 검토
⑲ 주요공정표작성
⑳ 공사의 불합리한 부분의 실정보고
㉑ 매출에 관한 기성서류 작성
㉒ 현장조직도 작성

2. 착공에 관한 업무

① 현장 조직구성

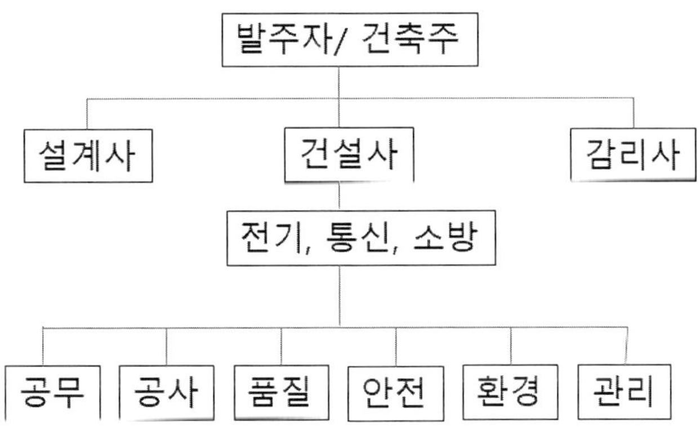

② 본사로부터 실행예산 편성 및 승인
③ 착공초기 공사관련 계획보고
④ 가설사무실 설치 또는 임대
⑤ 가설전기 설치 계획
⑥ 현장에 필요한 인력요청 및 구성(신규채용)
⑦ 공사계획신고 및 수용신청
⑧ 시공상세도 작성

⑨ 기성서류 작성(월간, 분기)

⑩ 감리서류

⑪ 문서관리

⑫ 자재관리

- 건설업은 제조업체나 기타 산업에 비해 인력에 대한 의존도가 큰 산업으로, 숙련된 전문기술인력의 보유여부가 공사의 수주에서 부터 준공에 이르기까지 절대적인 요인의 하나로 작용한다.
- 즉, 특정분야의 자격보유자 그리고 전문엔지니어와 단순기능공까지 해당 공정에 대한 전문지식과 실제 수행경험자들은 성공적인 준공까지를 보장해 주기에 이들 인력의 보유, 곧 지식과 경험/노하우의 보유는 건설업체에는 무형의 자산이 되고, 개인에 있어서도 조직내는 물론 크게는 동 산업 내에서 지식의 위치를 보장해 주는 척도가 되는 것이다.
- 따라서, 조직이 보유하고 있는 지적 자산뿐만 아니라 구성원 개개인의 지식이나 노하우를 체계적으로 발굴하여 공유하고 활용을 통해 조직전체의 문제해결능력과 기업가치를 향상시키는 지식경영을 추구하여야 한다.
- 결국 개개인의 내면지식 이른바 “암묵지”의 형태로 내재된 무궁한 지식들을 기록하고 체계화하는 노력을 한 자만 성공할 수 있겠다.

02 공무의 역할

1. 전기공사 공무의 역할

(1) 현장에 대하여(건기법, 주택법, 공공발주 기타공사 등) 상황 분석

[착공 시 공무의 역할]

① 현장여건 분석(건축물의 규모와 발주처)

② 현장 운영계획 수립(본사PM, 현장소장 협업)

③ 공사 진행(각 공종과 협업)

④ 자재 발주 및 수급(본사 협의, 감독, 감리승인)

⑤ 기성 관련업무(월 또는 분기)

⑥ 실정보고, 도면검토(도면검토 후 현장에 적용이 어려운 곳 또는 추가요구사항)

⑦ 현황보고 등(본사보고, 각 공종 협의)

⑧ 준공 과정(준공서류, 시운전계획서, 업무인수 인계)

⑨ 사용전 검사 신청 등 대관업무(착공과 함께 한국전력, 전기안전공사 협의)

⑩ 공사 전반에 대한 정산(금액, 각종보험, 시공노임 등)

⑪ 계약관리(본사지원)

⑫ 현장 점검(가설전기 구성)

⑬ 인력 관리(기존인력, 신규채용)

⑭ 현장 행사 지원(안선기원제 회의 등)

⑮ 하도급 기성관리(공종별 전문인력 구성)

⑯ 예산 편성 및 지출관리(월 기성관리, 자금편성)

⑰ 현장소장의 신속, 정확한 의사결정 지원

(2) 현장이해관계자와의 업무 조율(건축, 토목, 기계, 소방 등)

① 발주처 요구사항 접수 및 대응(문서관리 발주처, 본사)

② 감리 지시사항에 대한 처리 및 결과 보고(사전협의 시 소율가능)

(3) 기타 업무

① 민원 처리 : 현장 소음에 대한 민원 등 처리

② 인허가기관 등 대관업무 : 국가 및 지방자치단체, 한국전력공사, 한국전기안전공사

지방항공청, 지자체, 등
③ 현장내 고객 지원 : 현장 기술자의 협의 요청 및 기술지원
④ 현황 관리, 사업 수익성에 대한 자금관리와 기술지원 관리
⑤ 기타 사무, 행정처리 등 다양한 업무

(4) 다양한 업무의 진행을 위해 필요한 역량

① 문서처리 능력
② 공사 진행에 대한 기술력과 경험
③ 기본적인 기술력 공사 전반에 대한 공종의 흐름파악
④ 캐드(CAD) 스킬 적산 등(시공상세도 작성 등) 사무처리를 기본으로 하되 공사 전반의 진행 과정 모두에 참여

2. 관련 법령

(1) 전기사업법

① 전기분야의 가장 기본이 되는 법
② 전기설비기술 및 사용전검사 등에 대한 법적 근거를 제시

(2) 전기공사업법

① 전기공사의 시공·기술관리 및 도급에 관한 기본적인 사항
② 전기공사의 안전하고 적정한 시공 확보 목적
③ 전기공사의 계약부터 준공까지 필요한 다양한 내용을 포함
④ 하도급 관리, 시공관리책임자, 안전관리책임자, 공사비 산정 등 포함
⑤ 시공책임형 전기공사관리
⑥ 시공 이전단계 - 전기공사관리 업무 수행
⑦ 시공단계 - 전기공사의 종합적인 계획관리 및 조정
미리 정한 공사금액과 공사기간 내에서 전기설비를 시공하는 것(단, 감리는 제외)
⑧ 기타 전기공사 전반에 대한내용.

(3) 전기안전관리법 (21년 3월 공표 / 22년 4월 1일 시행)

① 전기사업법에서 안전에 대한 내용을 분리하여 강화
② 검사의 방법 및 절차
③ 전기안전관리자 선임

(2) 전기설비기술기준

① 산업통상자원부고시(제2023-197호)

② 전기사업법 제67조

③ 시설물의 안전에 필요한 성능과 기술적 요건을 규정

④ 전기설비기술기준의 판단기준

⑤ 전기설비기술기준에 필요한 내용을 세부적으로 설명 (현재 폐지)

⑥ 판단기준의 내용을 명확하고 구체적으로 표현한 해설서가 별도로 있었음

(3) 한국전기설비규정 (KEC : Korea Electro-technical Code)

① 산업통상자원부 공고 제2023-346호

② 전기설비기술기준 제4조

③ 기술기준에서 정한 안전성능에 대한 구체적인 기술적 사항을 정함
"전기설비기술기준의 판단기준 및 내선규정"을 대체

④ 한국전기설비규정 핸드북(현재 시판 중)

⑤ KEC의 해설서
전기공사 현장에서 KEC에 따라 시공하면 전혀 문제없음

(4) 전기설비 검사 및 점검의 방법, 절차 등에 관한 고시

① 산업통상자원부 고시(제2023-143호)

② 전기안전관리법 제18조

③ 사용전검사, 정기검사에 대한내용

(5) 전기설비에 대한 세부 검사·점검 기준 (KESC)

① 한국전기안전공사 공고(제2023 - 2호)

② 산업통상자원부 고시(제2023-143호)

③ 피뢰시스템, 전기자동차 충전설비 등에 대한 기준 신설

④ 자가용전기설비 검사업무 적용 가이드

⑤ 검사업무의 이해를 돕기 위한 세부 설명

(6) 전기설비에 대한 세부검사, 점검 기준 (KESC)

① KEC, KESC 우선 적용 원칙

② 단, 2021. 12. 31. 이전에 허가 또는 승인을 득하거나 신고한 경우는 종전의 판단기준 적용 가능

(4) 전력기술관리법

① 전력기술의 연구, 개발 촉진 및 효율적인 이용, 관리
② 전력시설물의 설계, 공사감리용역
③ 전기안전관리자 선, 해임 신고

(5) 산업안전보건법

① 안전관리자 지정, 안전교육 등 재해 예방과 관련된 내용
② 산업안전보건관리비 계상
③ 건설공사의 산업재해 예방지도 등

(6) 건설산업기본법

① 건설공사의 조사, 설계, 시공, 감리, 유지관리, 기술관리 등에 관한 기본
② 건설사업관리능력의 평가 등에 관한 사항

(7) 신에너지 및 재생에너지 개발, 이용, 보급 촉진법

① 신에너지 및 재생에너지의 정의와 구성 항목
② 신재생에너지 의무 설치 기준 등

(8) 전기용품 및 생활용품안전관리법 등

2-1 관련 법령

(1) 법체계

① 고시 : 법령이 정하는 바에 따라 일정한 사항을 일반에게 알리기 위한 문서
② 공고 : 일정한 사항을 알리지만 구속력을 가지지 않음
③ 훈령 : 상급 관청에서 하급 관청의 직무를 지휘, 감독하기 위하여 내리는
④ 예규 : 행정사무의 통일을 위한 처리 기준을 제시하는 문서

법

시행령

시행규칙

(7) 기타

① 전기기기 공인시험기준 및 방법에 관한 요령
② 국가건설기준(KDS)
③ 한국전력공사 전기공급약관
④ IEC, IEEE, JIS 등 국제표준

(8) 한국전기설비규정 (KEC : Korea Electro-technical Code)

① 전기설비의 표준이 되는 법령
② 22년 1월 1일부터 시행

3. 입찰

(1) 입찰

① 상품의 매매나 공사의 도급계약을 체결하기 위해 다수의 희망자들로부터 각자의 낙찰 희망 가격이나 기타 조건을 문서로 제출하게 하여 낙찰자를 선정하는 것
② 경쟁자가 표시한 내용을 서로 알 수 없도록 하는 것이 원칙.

(2) 입찰의 종류

① 일반경쟁입찰
- 불특정 다수의 희망자를 입찰에 참가하게 하는 방법
- 입찰공고(입찰의 종류 및 방법, 참가자격 조건 등)

② 지명경쟁입찰
계약의 성질이나 목적에 필요한 특수한 기술(공법, 성능, 물품 등)이 있는 대상자를 지명하여 입찰에 참가하게 하는 방법

③ 제한경쟁입찰
- 지역, 실적, 시공능력 등으로 참가자격에 제한을 두고, 입찰에 참가하게 하는 방법
- 과도한 제한이 되지 않도록 주의 필요

④ 수의계약
- 경쟁을 하지 않고 상대를 선정하여 1:1로 계약을 체결하는 방식
- 천재지변, 특수지역 공사로 경쟁이 불가능한 경우
- 경쟁입찰을 실시하였으나 입찰자가 1인인 경우
- 재공고의 입찰 시에도 입찰자 혹은 낙찰자가 없는 경우

(3) 경매

다수 희망자들이 경쟁을 하지만, 경쟁자가 표시한 금액이나 내용을 서로 알 수 있는 방식

(4) 국가 및 지방자치단체의 계약

① 예산회계법상 경쟁입찰이 필수

② 경쟁입찰 진행에 있어서 공정성을 방해하는 자는 형법에 의거 처벌을 받게 됨

(5) 예정가격 작성

① 예정가격

낙찰자 및 계약금액의 결정기준으로 삼기 위하여 미리 작성하여 비치해 두는 계약금액의 예정액

② 해당 규격서 및 설계서 등을 기준으로 작성

③ 복수 예비가격을 15개 작성(공공입찰의 경우)

- 선택된 4개의 추첨가격을 산술평균한 값
- 예비가격기초금액에서 ±2~3% 정도의 범위 내에서 작성

(6) 나라장터

① 공공조달 국가종합전자조달시스템(KONEPS)

② 입찰로부터 계약 및 대금지급의 전 과정을 온라인으로 처리하는 선진 조달시스템

(7) 나라장터를 이용한 입찰

① 국가 및 지방자치단체 등 모든 공공기관의 입찰 정보가 공고됨

② 1회 등록만으로 어느 기관이나 입찰에 참가할 수 있는 단일창구 역할

(8) 국가를 당사자로 하는 계약에 관한 법률

① 계약의 가장 기본 : 청렴의 원칙

② 불특정 참가자간의 공정성을 확보로 동등한 기회를 부여하는 것

③ 청렴계약

4. 계약

(1) 공사계약

공사를 시행하기 위하여 발주자와 시공자 사이에 체결하는 계약

(2) 계약서 작성 시 필요한 항목

① 계약의 명칭과 목적
② 계약 금액
③ 이행기간(공사기간)
④ 계약보증금: 공시계약을 제대로 이행하지 않을 경우를 대비한 보험금 성격
⑤ 지체상금 : 공사가 지연될 경우 징수
⑥ 하자보수보증금: 준공후 하자처리가 안될경우에 대비한 보험금 성격
⑦ 그 밖에 필요한 사항

(3) 계약의 확정

계약서에 계약당사자 상호가 기명하고 날인하거나 서명함으로써 확정

(4) 특수한 계약 형태

① 장기계속계약
- 성질상 수년간 계속하여 존속할 필요가 있거나 이행에 수년이 필요한 계약
- 공사기간이 수년간 지속됨
- 계속비 공사

② 단가계약
- 일정기간 계속해서 계약을 할 필요가 있을 때에 해당연도 예산의 범위내에서 단가에 대하여 체결하는 계약
- 배진선로나 가로등의 고장과 같이, 계속적으로 공사가 예상
- 공사 건별로 매번 계약이 어려운 경우, 미리 연간단가계약을 체결
- 고장이 발생 시 수리 후, 일정기간 동안의 수리비를 합산하여 청구하는 방식

③ 개산계약(概算契約)
미리 가격을 정할 수 없을 때에는 개산계약을 체결하고 사후 정산 (긴급 복구나 시제품 제조 등)

④ 종합계약 : 같은 장소에서 2 이상의 관련 기관이 공동으로 발주하는 계약

⑤ 공동계약 : 계약상대자를 2 이상으로 하는 계약

4-1. 공사계획수립 필요성

(1) 공사계획수립의 기본 개념

① 정해진 일정과 비용 등에 적합한 체계적 계획의 작성
② 공사 범위와 일정 등을 수립하여 공유
③ 효율적 공사 진행에 기여
④ 착공계의 확장된 개념

(2) 공사계획수립의 내용

① 공사 전반에 대한 관리
② 착공부터 준공까지 일체의 과정을 순서대로 체계적으로 정리
③ 공사예정공정표 보다 확대한 포괄적 내용

(3) 공사계획수립 시 고려 사항

① 건축주나 발주처의 의사 확인과 현장 주변 여건에 대한 고려
② 설계도 상의 검토를 통한 문제점 발굴 및 개선 방안 제시
③ 각종 대관업무와 인허가에 필요한 사항을 사전에 일목요연하게 정리
④ 시공단계에서 발생할 수 있는 다양한 문제점에 대한 사전 대비
⑤ 준공 후 하자 처리 방안에 대한 고려

(4) 전기공사

① 시공 중이나 시공 후에는 시정이 어렵고 많은 노력과 비용이 소요
② 초기에 체계적인 공사계획 수립
③ 지속적으로 이행상태 확인

(5) 공사계약 후 착공계 제출 시 첨부하는 자료들 실제 공사계획수립의 주요 항목

(6) 공사 예정공정표 작성

① 정해진 기간 내 준공을 위한 공정 관리 필요
② 주간공정표, 월간공정표, 연간공정표 등으로 작성
③ 공정 진도 관리 및 부진공정 만회 대책 제시
(일반적으로 월간, 주간공정표 기준으로 적용)

(7) 안전관리계획(산업안전보건법)

① 산업안전보건관리비 계상 대상

② 건설공사 중 총 공사금액 2천만원 이상인 공사
(원가계산에 의한 예정가격을 작성 또는 자체사업 계획 수립 시 계상)

(8) 안전관리계획(산업안전보건법)

① 산업안전보건관리비 계상 대상

② 대상액 산정 : (재료비 + 직접노무비) × 일정 요율
해당 요율은 계속 변경되므로 매년 초 조달청 공고 확인

③ 안전관리비 – 안전관리자 인건비, 보호구 구입비, 안전교육비, 기타 등

(9) 안전관리계획서 작성

① 안전관리자 지정

② 안전장비와 보호구 확보

③ 안전교육 실시

④ 안전관리비 항목별(인건비, 교육비 등) 집행기준 작성

(10) 안전관리와 관련된 세부내용

① 안전관리비 계상과 안전시설비 등

② 항목별 집행 기준 등

(11) 품질관리계획

부실공사 방지를 위하여 품질관리계획서를 작성

(12) 품질관리계획의 범위

① 수배전설치공사

② 전력간선분전반설치공사

③ 접지공사

④ 배관공사

⑤ 배선공사

⑥ 케이블 트레이 공사

⑦ 케이블 포설공시

⑧ 배선기구 취부공사

⑨ 전등전열공사

(13) 품질관리계획의 내용

① 수배전설비 용량의 적정성 및 동작 상태
② 케이블 단말처리 상태
③ 이격거리 준수 여부 등 품질 유지에 대한 사항

(14) 하자관리

① 준공후 하자 처리 및 하자보수에 대한 내용
② 전기분야의 하자기간은 일반적으로 1~2년 정도로 정함

(15) 하자관리의 내용

① 하자관리 방법
② 하자보증서 등

(16) 준공 후 관리

준공 후 시설물과 문서의 인수인계 및 기타 행정 업무 등에 관한 사항

(17) 준공 후 관리의 내용

① 전기공사 시공실적 관리
② 기술자 관리 등(전기공사협회에 등록이 필요) 행정적인 부분 포함

(18) 전기현장 공무 업무

① 정형화, 제한되어 있지 않음
② 현장에서 시공을 제외한 거의 모든 업무에 연계
③ 모든 업무를 공무담당자가 결정하고 진행하는 것은 아님(현장소장 협업)
④ 현장소장과 각 분야별 책임자와 유기적으로 협조하여 추진
⑤ 큰 규모 현장
⑥ 각 공정별 담당자로 업무 구분(업무분장)
⑦ 중소 규모 현장
⑧ 명확한 업무 구분이 어렵고, 다양한 업무를 처리해야 하는 경우 많음
⑨ 공무의 역할이 대단히 중요한 현장(문서수발, 현장조율, 안전관리, 시공상세도 등)

PART II

전기공사 공무 실전

ELECTRICAL PUBLIC WORKS PRACTICAL MANAGER

CHAPTER 01 공사입찰 및 계약

01 관급공사

1. 관급공사 : 주관부서 – 입찰담당자

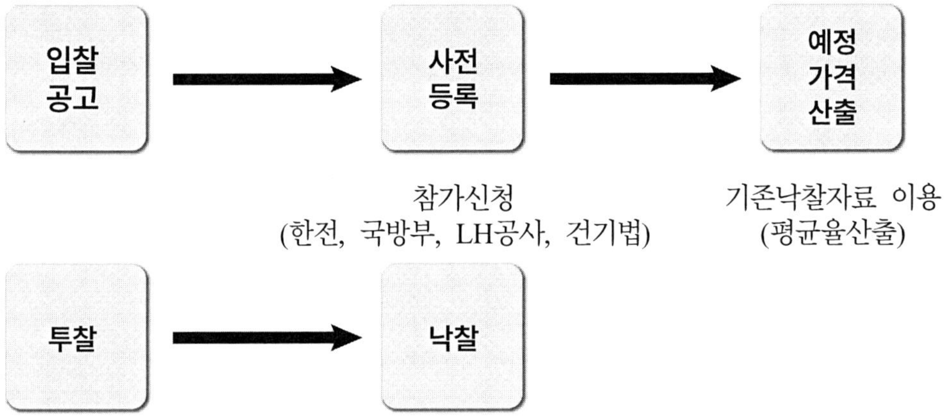

2. 공사 계약

계약체결시기 : 낙찰통지를 받은 후 10일 이내

3. 계약서 작성 준비서류

① 업체 청렴계약 이행 서약서
② 행정정보 공동이용 사전동의서
③ 계약 보증서
④ 전기공사기술자 보유증명서 (공고일기준)
⑤ 사업자 등록증 사본 (사본-원본대조필)
⑥ 등기부등본 (원본)
⑦ 전기공사업 등록증 (사본-원본대조필)
⑧ 전기공사업 등록수첩 (사본-원본대조필)
⑨ 법인인감증명서 (원본)

⑩ 사용인감계
⑪ 수업인지(전산처리 – 나라장터)
⑫ 계약보증금 보증서 (전산처리 – 각종협회에서 발급)
⑬ 공채매입 필증 (필요시)

4. 계약보증금 및 비율

① 연대보증인을 세우는 경우 : 10%
② 연대보증인을 세우지 않는 경우 : 20%

[별첨1] 업체 청렴계약 이행 서약서

업체 청렴계약 이행 서약서

당사는 부패 없는 투명한 기업경영과 공정한 행정이 사회발전과 국가경쟁력에 중요 한 관건이 됨을 깊이 인식하여 국제적으로 OECD 뇌물방지협약이 발효되었고 부패기업 및 국가에 대한 제재가 강화되는 추세에 맞추어 청렴계약제 시행취지에 적극 호응하여 ○○시에서 시행하는 ○○○신축공사 전기공사(공사명기재)등의 계약을 체결함에 있어 당사 및 하도급업체의 임직원과 그 대리인은,

1. 입찰, 계약체결 및 계약이행과정에서 관계공무원에게 직·간접적으로 금품, 향응 등(친인척 등에 대한 부정한 취업제공 포함)의 뇌물이나 부당한 이익을 제공하지 않겠습니다.

이를 위반하여 입찰, 계약의 체결 또는 계약이행과 관련하여 관계공무원에게 뇌물을 제공함으로서 입찰에 유리하게 되어 계약이 체결되었거나, 시공 중 편의를 받아 부실하게 시공한 사실이 드러날 경우에는 ○○시가 발주하는 입찰에 입찰참가 자격제한 처분 및 수의계약대상 배제 등을 2년 동안 참여하지 않겠습니다.

2. 또한 입찰, 계약체결 및 계약이행과정에서 관련공무원에게 금품, 향응 등(친인척 등에 대한 부정한 취업 제공 포함)을 제공한 사실이 드러날 경우에는 계약체결 이전의 경우에는 낙찰자 결정제외 및 취소, 계약체결이후 부터 착공 전에는 계약해제, 계약이행 후에는 발주처에서 당해 계약의 전부 또는 일부 계약을 해지하여도 감수하겠으며, 민·형사상 이의를 제기하지 않겠습니다.

위 첨렴계약이행 서약은 상호 신뢰를 바탕으로 한 약속으로서 반드시 지킬 것이며, 본 서약내용은 그대로 청렴계약특수조건으로 계약하여 이행하고 입찰참가자격 제한, 계약해제 및 해지 등 경기도 ○○시의 조치와 관련하여 당사가 ○○시를 상대로 손해배상을 청구하거나 당사를 배제하는 입찰에 민·형사상 어떠한 이의도 제기하지 않을 것을 서약합니다.

20　　년　　　월　　일

위 서약자

· 상　　호 :
· 주　　소 :
· 대 표 자 :　　　　　　　　　(인)

____________ 귀하

[별첨2] 행정정보 공동이용 사전동의서

행정정보 공동이용 사전동의서

※ 뒷 쪽의 작성 방법을 읽고 기재합니다.

【공사명 : 전기공사】

1. 사무의 명칭 : 국제, 지방세 완납증명서, 건강(연금) 보험료 완납증명서

2. 공동이용 행정정보 구비서류 :

공동이용 행정정보(구비서류)	동의여부(동의시 서명 또는 인)
대금청구 관련 국세, 지방세 완납증명서 대금청구 관련건강(연금) 보험료 완납증명서	
업 체 명 :	
사업자등록번호 :	
대표자병 :	

3. 이용기관의 명칭 : 행정정보공동이용 센터

본인은 위 사무의 치리를 위하여 「진자징부법」 세36소에 따른 행정정보의 공동 이용을 통해 이용기관의 업무처리담당자가 전자적으로 본인의 구비서류를 확인하는 것에 동의합니다. (위에 기재된 구비서류 정보는 해당 사무 이외의 용도로 사용될 수 없으며, 만약 전자적 확인에 대하여 본인이 동의하지 아니하는 경우에는 본인의 선택에 따라 서류로 대신 제출할 수 있음)

20 년 월 일

동의인 성 명 : (서명 또는 인)
주민등록번호 :
전화번호(H.P):

[별첨3] 개인정보 제공 및 이용 동의서

개인정보 제공 및 이용 동의서

정보의 수집·이용·목적	발 주 처 명 기 재 에 청구한 대금 입금내역을 발 주 처 은 행 명(농협 e-banking)와 연계한 대금지입알림 SMS문자서비스를 제공하기 위함	
개인정보의 항목	업 체 명	
	대표자 성 명	
	문자서비스를 받을 휴대전화번호	
보유 및 이용기간	청구한 대금지급건에 한 함.	

상기인은 「개인정보 보호법」 제15조에 따라 위와 같은 정보를 발주처명 에 제공하는 것에 동의합니다.

20 년 월 일

신청자 : ____________________ 서명(인)

(발 주 처 명 기 재) 귀하

※ 신청인의 개인정보는 발주처명 청구한 대금지급건에 대한 SMS문자서비스에만 활용되며, 개인정보보호법에 준하여 일체 다른 목적으로는 사용하지않습니다.

[별첨4] 사용인감계

사 용 인 감 계

	상　　호 : 주　　소 : 대표이사 : 등록 NO :

상기 인감(사용인감)은 당 회사의 대표사원이 사용하는 인감으로서 귀사(발주처명에 따라서 변경: 귀사, 귀공단, 귀청.)에서 시행하는 공사등록, 입찰, 계약, 기타 일체의 행위에 상기 인감을 사용 하겠기에 사용인감계를 제출합니다.

20 년　월　　일

경기도 000 000 0000 (회사주소 기재)

주식회사 0000(회사명 기재)

대표이사 000 (인)

02 민수 공사

1. 민수 공사

주관부서 – 입찰담당자

2. 공사 흐름도

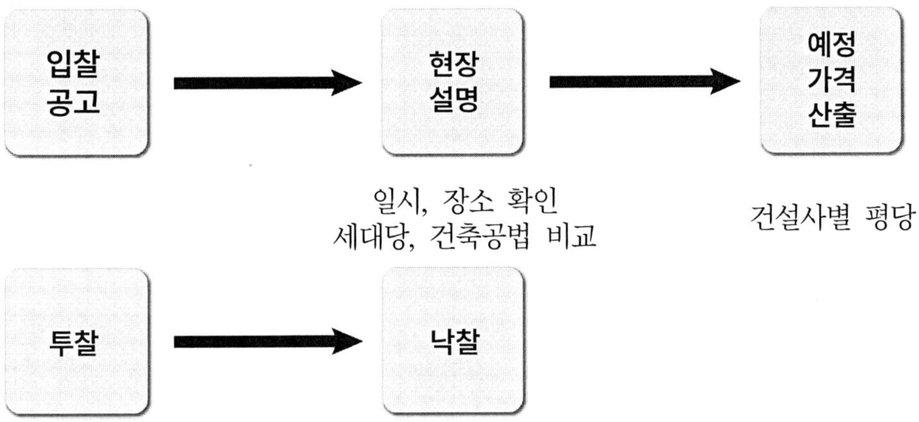

3. 공사 계약

계약체결시기 : 낙찰통지를 받은후 3일 이내

4. 계약서 작성 준비서류

-. 계약보증서

-. 근재가입증명(대인2명)

-. 수입인지

5. 계약보증금 및 비율

-. 계약금액의 10%

CHAPTER 02 현장개요 설명서

현장설명서는 관수공사, 민수공사 공통사항임.

01 현장개요설명서

<u>현 장 설 명 서</u> 공 사 명 : 현장 설명 일시 : 현장 설명 장소 : 견적제출마감일 : ○○○○○ 재건축사업 신축현장

<u>목 차</u>

※ 목차의 내용중 2번부터 7번 항목은 <u>각 현장마다 고유한 사항으로 상이하다.</u>

1. 공 사 개 요

(1) 공사규모

공 사 명 (계 약 명)	한국전기공사협회
현 장 명	전기공사협회
위 치	충북 오창
공 사 기 간	2021년 09월 ~ 2024년 07월(35개월 / 전체공기) 2021년 06월 ~ 2024년 07월(일반전기공사 계약기간)
대 지 면 적	56,859.50m^2
건 축 면 적	12,594.81m^2
연 면 적	197,502.03m^2
공 사 규 모	전체 1,288 세대
용 도	공동주택(아파트 및 부대복리시설)
건 폐 율	20.23%
용 적 율	245.58%
구 조	철근콘크리트 벽식구조
조 경 면 적	62,428.29m^2 (대지면적의 39.38%)
층 수	지하2층 / 지상28층(해발고도 193m 제한)
발 주 처	한국전기공사협회
설계/감리	한국전기공사협회 안전기술원
시 공 사	한국전기(주)

세 대 수 및 분 양 면 적 표					
타 일	전체	당사분	타일	전체	당사분
59A	564	261	84T	36	36
67A	509	228	84PA	7	3
74A	619	87	84PB	11	-
74B	1.314	469	84PC	21	4
84A	616	24	84PD	11	-
84B	254	126	98A	100	50
세 대 수	진 체	4,089	당사분	1,288	

CHAPTER 03

공사착공 및 준공

01 관급공사

주관부서 – 공사담당자

1. 공사 흐름도

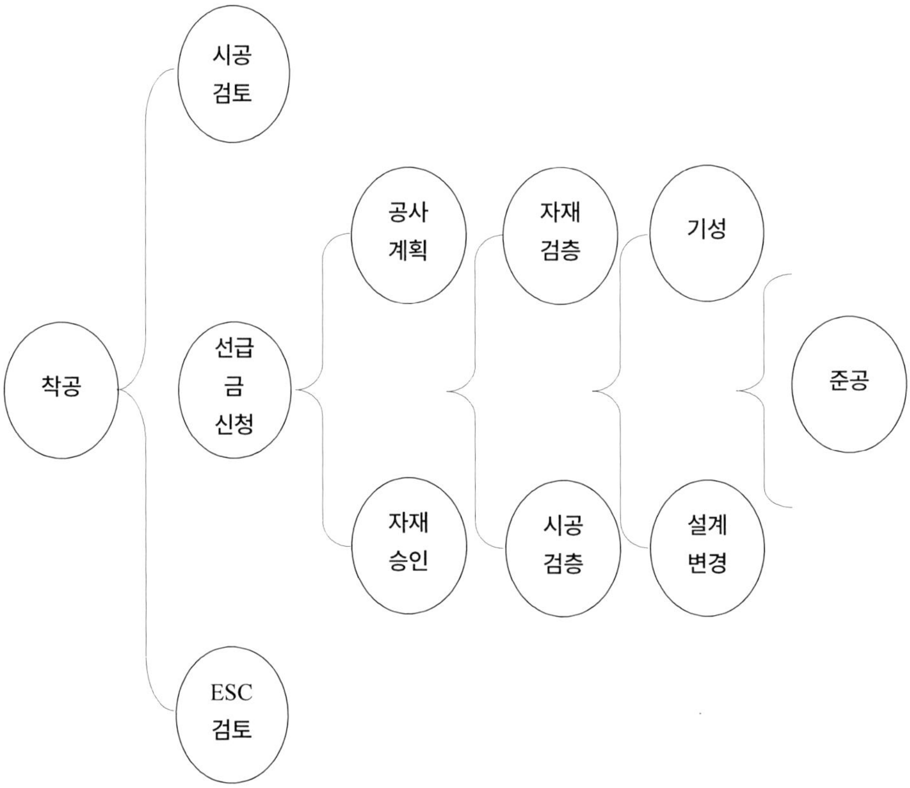

2. 공사착공

(1) 착공전 준비(담당자 미팅후 USB로 자료 받을 것)

① 설계서 (도면, 시방, 설명서) : 공사도급계약서 작성시 필요
② 공사입찰유의서, 낙찰정보
③ 공사계약 특수 / 일반조건
④ 각종서식 (관공서 마다 서식이 틀림)
- 직접 감리하는 경우 : 공사일지, 자재승인, 자재검측, 시공검측, 주・월간 공정보고, 시정보고, 기성청구, 설계변경 준공서류
- 감리업체 선정된 경우 : 감리자와 협의하여 진행

(2) 착공계

① 착공계
② 예정공정표
③ 공사도급계약서(감독경유)
④ 현장대리인계 : 재직증명서, 경력수첩사본, 경력증명서(원본)
⑤ 품질, 안전, 환경 시공계획서
⑥ 공종별 인력 및 장비 투입 계획서
⑦ 건설공사의 직접시공 계획서
⑧ 노무비 합의서
⑨ 현장사진 (착공전)
⑩ 임금등 우선지급 확인서
⑪ 공동계약 이행계획서 : 공동도급의 경우만 해당
⑫ 공동수급 협정서 : 공동도급의 경우만 해당

[별첨5-1] 착공계

착　　공　　계

1. 공　　사　　명 :
2. 공　사　금　액 : 금　　　　　　원정(₩0 부가가치세 포함)
3. 계　약　년 월 일 : 20　년　월　일
4. 착　공　년 월 일 : 20　년　월　일
5. 준 공 예 정 년 월 일 : 20　년　월　일

상기 공사와 관련하여 착공계를 제출합니다.

20 년　월　일

상　호 :
주　소 :
대　표 :　　　　　(印)
전　화 :

________귀하

[별첨5-2] 예정공정표(마스터 공정 개략)

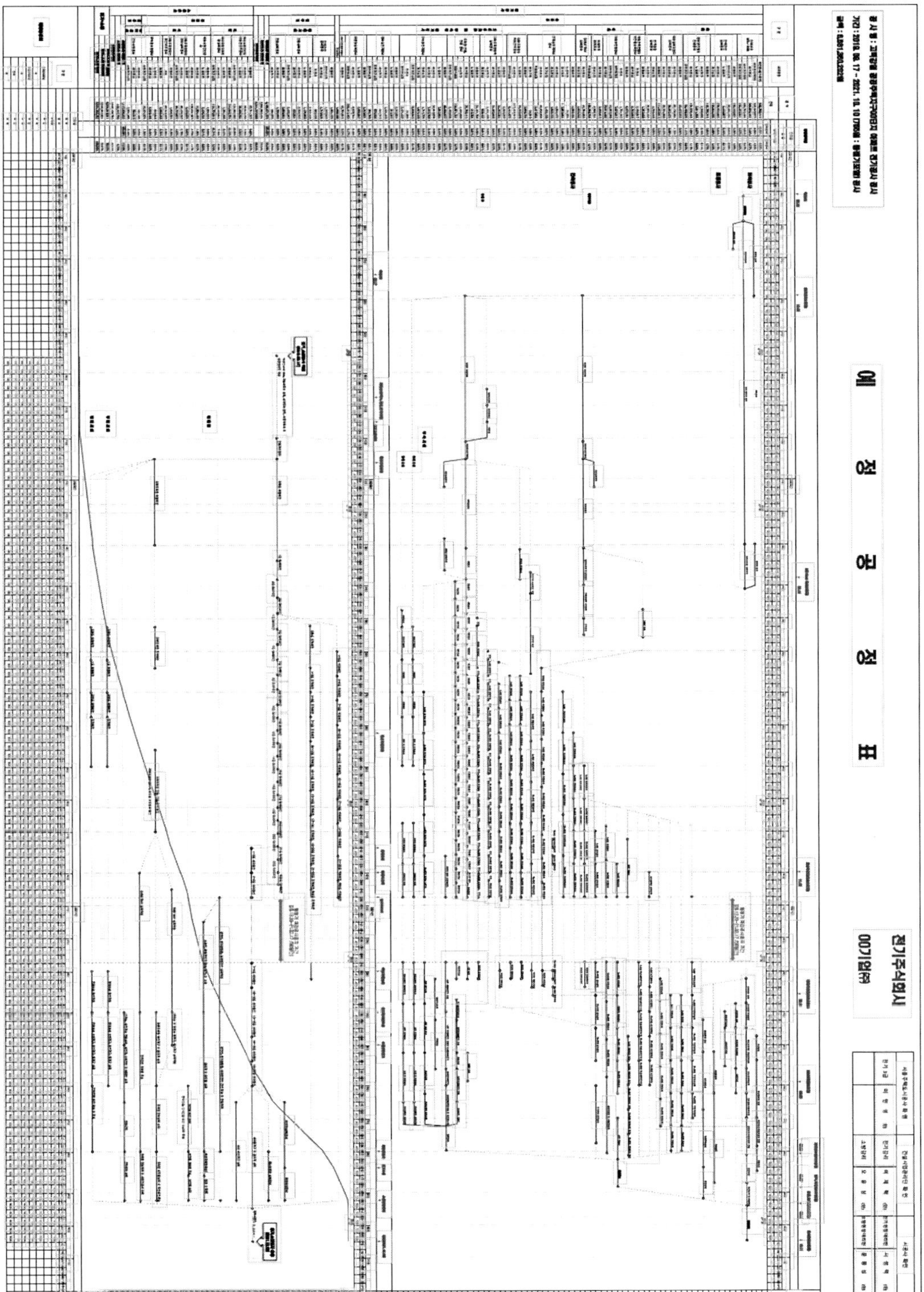

공 사 예 정 공 정 표

현장명: 다산진건 0000L 공동주택 신축공사 중 전기설비공사

공사기간: 2021년 8월 25일 ~ 2024년 02월 25일

공종		일정	2021년					2022년												2023년												비고
		세부사항	8월	9월	10월	11월	12월	1월	2월	3월	4월	5월	6월	7월	8월	9월	10월	11월	12월	1월	2월	3월	4월	5월	6월	7월	8월	9월	10월	11월	12월	
아파트 전기공사	단위세대	골조 배관공사(건축골조예상)																														100%
아파트 전기공사	단위세대	배선공사																														95%
아파트 전기공사	단위세대	조적 배관공사																														90%
아파트 전기공사	단위세대	배선기구 취부(콘센트,스위치)																														85%
아파트 전기공사	단위세대	세대분전반 결선																													준	80%
아파트 전기공사	단위세대	등기구 취부																														75%
아파트 전기공사	공용부위	TRAY 설치 및 각종함설치																														70%
아파트 전기공사	공용부위	계량기함 설치 & 결선																														65%
아파트 전기공사	공용부위	등기구 취부																														60%
부대시설 전기공사	주차장 공사	배선공사																														55%
부대시설 전기공사	주차장 공사	RACE WAY & TRAY 공사																														50%
부대시설 전기공사	주차장 공사	등기구 설치공사																													공	45%
부대시설 전기공사	주차장 공사	동력 및 간선설비공사																														40%
부대시설 전기공사	전기실 & 기계실공사																															35%
부대시설 전기공사	CABLE 포설																															30%
부대시설 전기공사	소방 방송 약전 공사																															25%
부대시설 전기공사	옥외 & 가로등 공사																															20%
부대시설 전기공사	근린생활시설																															15%
기타공사	SHOP DRAWING			도면검토				단위세대 & 공용도면												수정도면									준공도면			10%
기타공사	인허가 업무			각종 착공신고																					1차 사용전검사				2차 사용전검사			5%
공정	공 정(%)		0	0.19	0.38	0.38	0.57	1.14	1.33	1.52	2.28	2.66	3.42	3.61	4.75	4.94	4.94	4.75	4.75	4.75	4.75	4.75	6.84	6.84	6.84	6.84	5.32	2.85	2.85	2.85	2.85	
공정	누계공 정(%)		0	0.2	0.6	1.0	1.5	2.7	4.0	5.5	7.8	10.5	13.9	17.5	22.2	27.2	32.1	36.9	41.6	46.4	51.1	55.9	62.7	69.6	76.4	83.3	88.6	91.4	94.3	97.1	100.0	
M/D	월 투입인원		0	30	60	60	90	180	210	240	380	420	540	570	750	780	780	750	750	750	750	750	1080	1080	1080	1080	840	450	450	450	450	
M/D	누 계 인원		0	30	90	150	240	420	630	870	1230	1650	2190	2760	3510	4290	5070	5820	6570	7320	8070	8820	9900	10980	12060	13140	13980	14430	14880	15330	15780	

* 현장 여건에 따라 공정표는 변경될 수 있음.

㈜0000계전

[별첨5-3] 도급내역서(공 내역 또는 낙찰율 적용 내역)

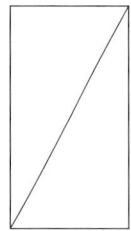

20　　년도

공사명 :

도 급 내 역 서

주　소 :

상　호 :

성　명 :　　　　(인)

감독관경유	(인)

귀하

[별첨5-4] 현장대리인계(공사의 규모에 적합하게)

현장대리인 선임계

1. 공사명 :
2. 공사위치 :

위 공사의 현장대리인을 아래와 같이 선임하였기에 제출합니다.

성　　명:
주　　소 :
생년월일 : 서기　　년 월 일
자격종류 : 경력수첩등급기재
회원번호 : 경력수첩발급번호기재

20　　년　　월　　일

상　　호 :
주　　소 :
대　　표 :　　　　　　　　(印)
전　　화 :

[첨부: 기술자 경력수첩, 기술자 경력확인서, 재직증명서]

　　　　　　　　　　　　귀하

[별첨5-5] 재직증명서

재직 증명서

인 적 사 항	성 명		주민등록번호	
	주 소			
재 적 사 항	소 속			
	직 위			
	기 간	20 년 월 일부터 현재까지		
용 동				

상기와 같이 재직을 증명합니다.

20 년 월 일

경기도 ○○○ ○○○ ○○○○ (회사주소 기재)

주식회사 ○○○○(회사명 기재)

대표이사 ○○○ (인)

[별첨5-6] 공종별 인력 및 장비투입 계획서

1) 자재반입계획

1. 공정에 따라 수급계획을 수립
2. 배관, 배선, BOX 자재는 공정에 차질없도록 최소 1개월전 현장도착 및 충분한 물량 확보

공종	품 명	규 격	단위	수량	2021년			2022년				2023년	계	비고
					2/4	3/4	4/4	1/4	2/4	3/4	4/4	1/4		
전기공사	전 선 관	CD,HI,강제전선관	M	100%	20%	20%	30%	15%	10%	5%			100%	
	각종 B O X	4각, 8각	EA	100%	20%	20%	30%	15%	10%	5%			100%	
	전 선	HFIX 외	M	100%		20%	30%	30%	20%				100%	
	계 량 기 함	2세대용 외	기	100%			30%	40%	30%				100%	
	PULL BOX	150×150×100 외	EA	100%	30%	40%	30%						100%	
	케 이 블	FR8 1.5mm2X1C 외	M	100%		30%	40%	30%					100%	
	케 이 블	CV 10 mm2X2C 외	M	100%		30%	30%	40%					100%	
	기 구	조명기구 외	EA	100%				50%	30%	20%			100%	
	접 지 자 재	접지판 외	개소	100%	50%	30%			20%				100%	
	분전함 및 동력반		식	100%			50%	30%	20%				100%	
	가로등		식	100%				50%	30%	20%			100%	
	수 배 전 반	특고압반,발전기등	기	100%						100%			100%	

2) 장비 투입계획

1. 공정에 따라 분기마다 수급계획을 수립
2. 공정에 차질없도록 장비사용계획서 작성 및 협조

공종	품 명	규 격	단위	수량	2021년			2022년				2023년	비고
					2/4	3/4	4/4	21.1/4	2/4	3/4	4/4	22.1/4	
전기공사	토치램프		기	5	↔	↔	↔	↔	↔				골조 공사시
	함마드릴		기	2	↔	↔	↔	↔	↔				골조 공사시
	철근절단기		기	1	↔	↔	↔	↔	↔				골조 공사시
	송풍기		기	2		↔	↔	↔	↔	↔			골조 공사시
	천공기		기	1	↔	↔	↔	↔	↔				골조 공사시
	접지테스트		기	1	↔	↔				↔	↔		접지 및 피뢰침 공사시
	고속절단기		기	1	↔	↔	↔	↔	↔	↔			골조공사 및 노출배관
	전기드릴		기	1	↔	↔	↔	↔	↔	↔	↔	↔	골조공사 및 노출배관
	굴삭기		기	1					↔	↔	↔		옥외공사시
	절연저항계		기	1						↔	↔	↔	마감공사시

3) 인력 투입 계획

1. 공정에 따라 수급계획 수립

2. 공정에 차질없도록 인원 확보

공종	품 명	규 격	단위	수량	2021년 2/4	2021년 3/4	2021년 4/4	2022년 1/4	2022년 2/4	2022년 3/4	2022년 4/4	2023년 1/4	계	비고
	전기		인	1.0	303	526	990	1,386	1,386	1,512	1,470	1,200	8,773	
	소방		인	1.0	36	112	210	297	297	324	315	256	1,847	
	통신		인	1.0	36	112	210	297	297	324	315	256	1,847	
	계				375	750	1,410	1,980	1,980	2,160	2,100	1,712	12,467	
	합 계				375	1,125	2,535	4,515	6,495	8,655	10,755	12,467		

[별첨5-7] 건설공사의 직접시공 계획서

■ 건설산업기본법 시행규칙[별지 제22호의6서식] 〈개정 2023. 5. 3.〉

건설공사의 직접시공계획서

(앞쪽)

공사명			
①공종	공종: 세부공종:		현장소재지
발주자	상호(기관명)	구분 [ ] 공공기관 [ ] 민간	대표자
	주소		
수급인	상호		대표자
	영업소 소재지		

도급방법	[ ] 단독도급 [ ] 공동도급([ ] 공동이행방식 [ ] 분담이행방식 [ ] 주계약자관리방식)				
계약성질	[ ] 장기계속공사 [ ] 기타공사				
②계약일	년 월 일	③착공일	년 월 일	④준공예정일	년 월 일
⑤총 노무비	(원)				

직접시공계획			
직접시공 공종(기능인력 투입예정 인원 : 명)		하도급(예정) 공종	
⑥세부공종	금액	⑥세부공종	금액
⑦직접시공 금액 합계 (직접시공 노무비)	원	⑧하도급(예정) 금액 합계	원

「건설산업기본법」 제28조의2에 따라 건설공사의 직접시공계획을 통보합니다.

년 월 일

수급인 (서명 또는 인)

귀하

구비서류	1. 직접 시공 및 하도급 할 공사량 · 공사단가 및 공사금액(노무비)이 분명하게 적힌 공사내역서 2. 예정공정표

210mm×297mm[백상지(80g/m^2) 또는 중질지(80g/m^2)]

※ 직접시공계획 통보(기재) 대상자
· 단독도급일 경우에는 수급인이 기재하고 공동도급일 경우에는 공동수급체대표자가 기재합니다.

※ 기재 요령
1. ①공종: 다음 중 선택하여 기재합니다.

공종	토목	건축	산업설비	조경공사
세부 공종	일반도로 고속화도로 고속도로 도로교량 철도교량 댐 항 만 공 항 일반철도 고속철도 지하철 도로터널 철도터널 간 척 치산 · 치수 및 사방하천 관개수로 및 농지정리 상수도 1천mm 이상 상수도 1천mm 이하 정수장 하수도 택지조성 공업용지조성 그 밖의 토목시설	단독주택 및 연립주택 저층아파트(5층 이하) 고층아파트(6층 ~ 15층 이하) 초고층아파트(16층 이상) 주거 · 사무실겸용건물 상가 · 백화점 · 쇼핑센터 사무실빌딩 오피스텔 인텔리전트빌딩(정보화빌딩) 호텔 · 숙박시설 관공서건물(11층 이하) 관공서건물(12층 이상) 학 교 병 원 전통양식건축 교회 · 사찰 등 종교용 건물 그 밖의 문화재, 유적건물 경기장 · 운동장 전시(展示)시설 창고, 차고, 터미널건물 공장, 작업장용건물 기계기구설치(플랜트 제외) 위험물저장소 그 밖의 건축물	제철소 및 석유화학공장 등 산업생산시설 원자력발전소 화력발전소 열병합발전소 수력발전소 집단에너지공급시설공사 쓰레기소각장 설치공사 하수종말처리장 폐수종말처리장 그 밖의 산업설비	수목원 공원의 조성공사

2. ②계약일. ③착공일. ④준공예정일 및 ⑤총 노무비: 공사의 계약연월일, 착공연월일, 준공예정연월일 및 도급금액 산출내역서에 기재된 노무비의 합계금액을 기재합니다. 장기계속공사인 경우에는 총공사에 대한 최초 계약연월일, 최초착공연월일, 최초준공예정연월일 및 총공사 부기금액 중 노무비의 합계금액을 기재합니다.

3. ⑥세부공종: 구비서류로 제출된 공사내역서에 준해서 다음과 같이 기재합니다.

예시) · 토목공사: 구조물공, 배수공, 안전시설공, 부대시설공, 교량공, 터널공 등 해당되는 공정은 모두 기재하고 구분할 수 없는 부분은 기타로 입력합니다.
· 건축공사: 공동가설공사, 가설공사, 토공사, 철근콘크리트공사, 철골공사, 조적공사, 방수공사, 미장공사, 타일공사, 석공사, 금속공사, 창호공사, 유리공사, 도장공사, 수장공사(건축물 내부 마무리 공사), 지붕 및 홈통공사, 잡공사, 시설 및 제외공사 등 해당되는 공정은 모두 기재하고 구분할 수 없는 항목은 기타로 입력합니다.
· 다른 토목공사 및 산업설비공사 · 조경공사 등의 공사도 각 공사특성에 따라 동일한 방법으로 기재합니다.

4. 직접시공 금액의 합계(⑦)와 하도급(예정)금액의 합계(⑧)를 합산한 금액(⑦+⑧)은 총 노무비(⑤)와 일치하도록 입력해야 합니다.

210mm×297mm[백상지(80g/m^2) 또는 중질지(80g/m^2)]

[별첨5-8-1] 노무비 구분관리 및 지급확인제 합의서
(공사를 직영 처리할 경우 제출 제외)

「노무비 구분관리 및 지급확인제」 합의서

<table>
<tr><td colspan="2">공사명</td><td></td></tr>
<tr><td rowspan="4">계약상대자</td><td>상호 및 대표자</td><td></td></tr>
<tr><td>영업소 소재지</td><td></td></tr>
<tr><td>전화번호</td><td>T: F:</td></tr>
<tr><td>도급계약상직접노무비</td><td></td></tr>
<tr><td rowspan="5">하수급인</td><td>상호 및 대표자</td><td></td></tr>
<tr><td>하도급 공종</td><td></td></tr>
<tr><td>업종 및 등록번호</td><td></td></tr>
<tr><td>영업소 소재지</td><td></td></tr>
<tr><td>전화번호</td><td>T: H.P:</td></tr>
<tr><td rowspan="3">하도급내용</td><td>공종</td><td></td></tr>
<tr><td>하도급내용</td><td>도 급 액 :
하도급액 :
하도급율 :</td></tr>
<tr><td>하도급계약상의 직접 노무비 또는 노무비</td><td>하도계약서와 같음</td></tr>
</table>

상기 공사와 관련하여 건설근로자 노무비 전용통장 및 지급기일을 아래와 같이 확정합니다.

청구일	지급기일	은행명	계좌번호	비고
매월 5일	매월 5일			수급인
				하수급인

※ 별첨 : 통장사본 각 1부

위 시설공사의 하도급계약에 대하여 「노무비 구분관리 및 지급확인제」 운영을 위하여 계 약상대자와 하수급인은 다음 사항에 대하여 합의하고, 합의사항을 성실히 이행할 것을 확약 합니다.

제1조(근거) 본 합의서는 행정안전부 예규 「지방자치단체 입찰 및 계약 집행기준」 제13 장 공사계약일반조건」 제9절의 "7"(공사계약에서 노무비의 구분관리 및 지급확인)의 규정에 근거한 '노무비 구분관리 및 지급확인제'(이하 '노무비 구분관리제'라 합니다.) 세부추진 사항을 합의하는데 그 목적이 있습니다.

제2조(정의) '노무비 구분관리제'란 발주기관, 계약상대자 및 하수급인이 노무비를 노무 비 이외의 대가와 구분하여, 발주기관이 계약상대자에게 또는 계약상대자가 하수급인 에게 노무비를 매월 지급하고 근로자에게 대금이 지급되었는지 여부를 확인하는 제도를 말합니다.

제3조 (대상공사 및 지급범위) 2012년 4월 2일 이후 입찰공고된 공사의 공사현장에서
근무하는 모든 근로자(직접 노무비 대상, 하도급인의 근로자 포함, 공사감독자는 간접 노무비 대상이므로 제외, 자재·장비 대금 제외)에게 지급합니다.

제4조 (업무처리절차) 지방계약예규 및 발주처 세부계획에 따르며, 이 외 규정되어 있지 않은 사항은 지방계약법 등에 따라 양 당사자간의 합의에 따라 정합니다.

제5조 (노무비 전용통장) 계약상대자 및 하수급인은 노무비 전용통장을 계약상대자 및 하수급인 명의로 개설하고 전용통장의 변경시 발주자의 승인을 득하여야 합니다.

제6조 (선금지급) 선급금에서 노무비는 제외되므로 선급금 신청금액은 발주자와 협의하여 신청하도록 합니다.

제7조 (지급상한) 노무비 청구액은 잔여 기성액을 초과하여 청구할 수 없으며, 도급계약금액 (하도급계약액)을 초과한 노무비에 대해서는 계약상대자(하도급인)이 지급하여야 합니다.

제8조 (지급방법의 예외) 근로자가 계좌를 개설할 수 없거나 다른 방식으로 지급을 원하는 경우는 발주자의 승인을 받아 그러하지 아니할 수 있으며, 하수급인의 경영상태 악화 등의 사유로 노임 구분관리제 실시가 어렵다고 판단될 경우 하수급인의 요청(동 의)시에 계약상대자가 하수급인의 근로자에게 노무비를 직접 지급할 수 있습니다.

제9조 (성실의무) 계약상대자 및 하수급인은 노무비 청구내역의 누락 등이 발생하지 않도록 노무비 구분관리제를 성실하게 수행해야 합니다. 노무비 체불, 허위 청구 및 유용의 사례가 확인될 경우 발주기관은 처분청 통보 및 형사고발 등의 행정조치를 할 수 있으며, 이에 대해 계약상대자 및 하수급인은 이의를 제기할 수 없습니다.

제10조 이 합의서에서 정하지 아니한 사항에 대하여는 발주자와 계약상대자, 하수급인이 협의하여 정할 수 있습니다.

20 년 월 일

발주기관 : (인)

계약상대자 : (인)

[별첨5-8-2] 노무비 구분관리제 제외 신청서
(공사를 직영 처리할 경우 제출 – 일용직, 상용직으로 공사시)

【노무비 구분관리제】 제외 승인신청서

공 사 명	
계약금액	금 원
계약년월일	20 년 월 일
착공년월일	20 년 월 일
준공년월일	20 년 월 일

위 건 공사의 시행에 있어서 직접노무비에 계상된 근로자의 노무비 지급과 관련하여 노무비 청구기일 전에 해당월 **노무비에 대해서는 선지급 할 것을 확약(단, 미지급자가 1명이라도 있을 경우에는 노무비 구분관리제 적용)하여** 노무비 구분관리제에 대한 적용 제외를 신청하며, 지방자치단체입찰 및 계약집행기준에 따라 노무비 체불, 허위 사실 보고 등이 확인된 경우 발주기관의 처분청 통보, 민·형사상 책임 등에 대하여 이의를 제기하지 않을 것입니다.

20 년 월 일

상호 및 대표자 : (인)

주 소 :

________________귀하

제외승인여부	여, 부
승 인 자	공사감독관 : 소속 직급 성명 (인)

[별첨5-8-3] 노무비 구분관리 및 지급확인제 제외 신청서
(공사를 직영 처리할 경우 제출 – 상용직으로만 공사시)

【노무비 구분관리제】 제외 승인신청서

공 사 명	
계약금액	금 원
계약년월일	20 년 월 일
착공년월일	20 년 월 일
준공년월일	20 년 월 일

위 건 공사의 시행에 있어서 직접노무비에 계상된 근로자의 노무비는 아래의 상용근로자만으로 시행하므로 노무비 구분관리 및 지급확인제에 대한 적용 제외를 신청하며, 지방자치단체입찰 및 계약집행기준에 따라 노무비 체불, 허위 사실 보고 등이 확인된 경우 발주기관의 처분청 통보, 민·형사상 책임 등에 대하여 이의를 제기하지 않을 것을 확약합니다.

성 명	주 민 번 호	핸 드 폰 번 호

※ 현장대리인, 사무직, 업무보조 등은 제외
붙 임 : 4대보험 가입증명서 1부,(별첨)

20 년 월 일

상호 및 대표자 : (인)
주 소 :

_______________귀하

제외승인여부	여, 부
승 인 자	공사감독관 : 소속 직급 성명 (인)

[별첨5-9] 임금등 우선지급 확인서

임금 등 우선지급 확인서

본사(본인)은 ___________와 ______________________________공사 계획을 체결하여 시공하고 있는 업체(자)로서, 당해 공사의 임금 등(건설기계 임대료 포함)을 체불하지 않고 우선 지급할 것을 확약합니다.

20 년 월 일

회 사 명 :
대 표 자 : (인)

______________ 귀하

[별첨5-10] 공동계약 이행계획서

1. 공동수급체

공사명					대표사	
구성원	구성원명					공사기간
	출자비율 (분담내용)	전기	전기	전기	소방전기	

2. 운영위원회

구성인원		총 명	구성방법	양사 동일 인원(대표사서명)
구성원별 운영위원	구 분	소속회사	직 책	성 명
	위원장			
	위 원			
	위 원			

3. 공사현장 조직 및 인원 투입 현황

현장소장	소속: 직책: 성명: 기술자격:						현장 총인원(연인원)	명
구성원별 파견인원	구성원명	출자비율	파견인원	구성원별 파견자			근무시기	
				직책 (현장 내)	성 명	기술자격	투입	철수
	각회사	지분율	1명	현장대리인			공사착공	준공
				전기기술자				
				소방기술자				

4. 필요장비 및 투입 현황

장 비 명	투입방법	투입자
	(구성원, 임대, 기타)	
	(구성원, 임대, 기타)	

5. 회계사무

주관부서		경리책임자		관리계좌	계좌번호 : 착공후 하도급지킴이 시행 계좌명의 : 착공후 하도급지킴이 시행
처리기준	(독립 기준 적용, 대표사 기준, 기타)				
자금의 집행 및 조달방법	1. 자금은 조달 즉시 집행함을 원칙으로한다. 2. 각사 지분별로 발주처에 청구하는 공사대금 수령은 각사 명의의 아래 계좌로 수령한다. 3. 선급금의 수령은 각사 명의의 아래 계좌로 수령한다.				

기 성 금 수령계좌	구성원별	은행명	계좌번호	비 고
				착공후 하도급지킴이 시행
				착공후 하도급지킴이 시행
				착공후 하도급지킴이 시행

주) 1. 인원 및 장비는 공사공정예정표, 공정별 인력 및 장비투입계획서에 의거 작성(인원은 현장관리 인력에 한함)
2. 운영위원회의 구성방법은 각사 1인, 지분에 따른 참여 등 구체적 방법 기술
3. '필요장비 및 투입'의 투입자는 구성원 보유 장비를 투입하는 경우 기재
4. 자금집행 및 조달방법 등 소요자금의 지분에 따른 안분 등 구체적인 방법 기술
5. 운영위원회, 현장의 기구조직 및 인원투입, 장비투입, 공사비 부담, 회계처리 등 공동계약 운영에 필요한 세부사항 중 '양식'에 포함되지 않은 사항은 첨부문서로 포함
6. 장기계속공사는 당해연도계약(차수계약)을 기준으로 작성

[별첨5-11] 공동수급협정서

공동수급표준협정서 (공동이행방식)

제1조 (목적) 이 협정서는 공동수급체의 구성원이 재정, 경영, 기술능력, 인원 및 기자재를 동원하여 아래의 공사, 물품 또는 용역에 대한 계획, 입찰, 시공 등을 위하여 출자비율에 따라 공동 연대하여 계약을 이행할 것을 약속하는 협약을 정함에 있다.

1. 계 약 건 명 :
2. 계 약 금 액 :
3. 발주기관명 :

제2조 (공동수급체) 공동수급체의 명칭, 사업소의 소재지, 대표자는 다음과 같다.

1. 명 칭 :
2. 주사무소소재지 :
3. 대 표 자 성 명 :

제3조 (공동수급체의 구성원) ① 공동수급체의 구성원은 다음과 같다.

1. 주식회사 ○○건설 (대표자 : 소재지 :)
2. 주식회사 ○○○○ (대표자 : 소재지 :)

② 공동수급체 대표자는 주식회사 ○○건설로 한다.

③ 공동수급체 대표자는 발주기관과 제3자에 대하여 공동수급체를 대표하며, 공동수급체의 재산관리와 대금청구 등의 권한을 가진다.

제4조 (효력기간)이 협정서는 당사자간의 기명(서명), 날인과 동시에 발효하며,
해당 계약의 이행으로 종결된다. 다만, 발주기관이나 제3자에 대하여 해당 계약과 관련한 권리의무 관계가 남아있는 한 이 협정서의 효력은 존속된다. 제5조 (의무) 공동수급체의 구성원은 제1조에서 정한 목적을 수행하기 위하여 성실, 근면 및 신의를 바탕으로 하여 필요한 모든 지식과 기술을 활용할 것을 약속한다.

제6조 (책임) 공동수급체의 구성원은 발주기관에 대한 계약의 의무이행에 대하여 연대하여 책임을 진다.

제7조 (하도급) 공동수급체 구성원 중 일부 구성원이 하도급계약을 체결하려는 경우에는 다른 구성원의 동의를 받아야 한다.

제8조 (거래계좌) 행정자치부 예규 「지방자치단체 입찰 및 계약 집행기준」 제7장 공동계약 운영요령 제3절 7. 대가의 지급에 정한바에 따라 선금, 기성대가 등은 다음 계좌로 지급받는다.

3. 시공전 검토사항

(1) 전력공급

① 공사 현장이 가공/지중 지역인지 확인

② 배전선로의 용량이 충분한지 확인

③ 수전위치 확인

④ 수배전반 설치 상세도 및 투입시기 / 반입 방법 등

⑤ 단선계통도, 접지공사 시공상세도 확인

(2) 가설건물

① 사무실, 자재창고 설치 위치

② 임시전기 수전방식(고압/저압) 및 용량

③ 관할지자체 신고여부

현장내부 : 신고제외, 현장외부 : 신고대상

④ 통신/보안설비

⑤ 사무실 집기류(비품) 구입

(3) 신고서류

① 공사계획신고

- 저압수전 – 사용전검사 신청으로 대체
- 고압수전 – 골조공사 시작전(지역여건 고려 사전 협의 필요)

② 도로점용신고 : 관할지자체신고(필증) → 경철서 신고(필증)

③ 소방착공계 : 관할 소방서(소방전기 : 신고대상일 경우)

④ 특정/비산먼지 발생신고 : 관할지자체(해당시에 만)

(4) 도면검토

① 도면/내역서/시방서 누락부분 확인 : 수량 산출 및 품셈 적용 오류

② 도면/시방서와 현장과 상이한 부분 확인 : 주변 지형지물 확인

③ 타 분야 도면 접수하여 연관성 확인

- 건축 – 공법 및 마감 시공 자재 확인
  – 전기를 필요로 하는 제품 설치 여부
- 토목 – 수목투사등 및 잔디등 설치 여부(공사 토목분 또는 전기분 확인)
- 기계 – 급·배수 및 소방수 설치 관련
  – 전기를 필요로 하는 제품 설치 여부

4. 계약금액 조정

(1) 물가변동(ESC : Escalation)

① 계약체결후 90일 이상 경과후(91일부터 적용)
② 입찰일 기준으로 지주조정율 3%이상의 증감 발생
③ 특정자재의 가격의 변동폭이 15%이상 발생시 (단품슬라이딩제도)

5. 선급금(선급금 받은 경우 해당품목 ESC제외)

(1) 지급대상

① 계약금액이 3천만원 이상인 공사, 5백만원이상의 용역
② 이행기간이 60일 이상인 계약공사
③ 계약체결된 공사의 예정가격(낙찰율)이 85%미만인 경우

(2) 지급대상

① 공사의 기준
- 계약금액이 20억 미만 : 50%
- 계약금액이 100억 미만 : 40%
- 계약금액이 100억 이상 : 30%

② 용역의 기준
- 계약금액이 3억 미만 : 50%
- 계약금액이 10억 미만 : 40%
- 계약금액이 10억 이상 : 30%

(3) 제출서류 (지자체마다 다소 차이가 있음)

① 선금급 청구서
② 증권 또는 보증서
③ 선금급 신청서
④ 선금 사용계획서
⑤ 선금 사용 확약서
⑥ 선금 반환각서
⑦ 예금 계좌내역서
⑧ 세금계산서

[별첨5-12] 선금급 청구서

선 금 급 청 구 서

1. 공 사 명 :

2. 계 약 금 액 : 금 원정 (₩ 0)

3. 계 약 일 자 : 20 년 월 일

4. 착 공 일 자 : 20 년 월 일

5. 준공예정일 : 20 년 월 일

6. 선금급 청구금액: 금 원정 (₩ 0)

7. 잔액: 금 원정 (₩ 0)

8. 선금급 신청비율: %

상기와 같이 선금을 청구합니다.

구 분	업 체 명	계약금액	선금 신청금액	비 고
합 계				

20 년 월 일

주 소

상 호

대 표 자 (인)

[별첨5-13] 선금급 신청서

선 금 급 신 청 서

감독관 경유 (인)

1. 공 사 명 :
2. 계 약 금 액 : 금 원정 (₩ 0)
3. 선금신청금액 : 일금 원정 (₩ 0)
4. 계 약 일 자 : 20 년 월 일
5. 착 공 일 자 : 20 년 월 일
6. 준공예정일 : 20 년 월 일

귀 시에서 발주한 공사의 시공자로서 각종 자재(장비)를 적기에 구입.확보하여 공사현장에 원활히 공급함으로써 완벽한 시공을 위한 재원을 확보코자 지방회계법 제35조 및 동법 시행령 제44조 제1항 제13호의 규정에 의거 상기와 같이 선금을 신청하오니 지급하여 주시기 바랍니다.

구 분	업 체 명	계약금액	선금 신청금액	비 고
합 계				

20 년 월 일

주 소
상 호
대 표 자 (인)

귀하

[별첨5-14] 선금 사용 계획서

선 금 사 용 계 획 서

1. 공 사 명 :
2. 계 약 금 액 : 금   원정 (₩   0)
3. 선금 신청액 : 일금   원정 (₩   0)
4. 신 청 내 역

구 분	내 용	금 액	비 고
재 료 비			
경 비			
외주공사비 (하도급선금)			
총 계		0	

위 와 같이 선금사용 계획서를 제출 합니다.

20 년 월 일

주 소
상 호
대 표 자 (인)

※ 작성 시 주의 사항 (각 항목은 원가계산에 의한 예정가격 작성기준을 참조하여 작성하되 부가 가치세는 따로 표기하지 않음)

① 재료비는 당해공사에 필요한 모든 직·간접재료비를 포함하며 사용내역서 제출 시 세금계산서 사본, 이체내역 등을 첨부하여 제출하여야 합니다.

② 경비는 당해 공사와 관련하여 사용된 경비(전력비, 보험료, 임차료, 세금공과금 등)로 사용내역 제출 시 세금계산서, 영수증 사본, 이체내역 등을 첨부하여 제출하여야 합니다.

③ 외주공사비는 당해 공사에 선금을 받은 비율만큼을 하도급업자에게 지급하는 공사비로 사용내역 제출 시 세금계산서 사본, 이체내역 등을 제출하여야 합니다.

*선금을 회사의 운영자금 또는 일반관리비로 지출하는 사례는 없도록 하시기 바랍니다.

귀하

[별첨5-15] 선금 사용확인서

선 금 사 용 확 인 서

1. 공 사 명 :
2. 계 약 기 간 : 20 년 월 일 ~ 20 년 월 일
3. 선금 신청액 : 일금 원정 (₩ 0)
4. 계 약 일 자 : 20 년 원 일
5. 착 공 일 자 : 20 년 원 일
6. 준공예정일 : 20 년 원 일

위 계약과 관련하여 지방자치단체 입찰 및 계약 집행기준 "제6장 선금 및 대가 지급요령"의 규정에 의하여 선금을 수령함에 있어 아래의 사항에 대하여는 특별한 관심을 갖고 준수하겠으며 만약 어길 경우에는 어떠한 처벌도 감수할 것을 확약합니다.

1. 선금을 계약조건에 명시된 목적으로만 사용하겠습니다. 특히 계약목적 달성을 위한 용도외에 사용하지 않을 것이며 노임(공사계약은 제외)지급과 자재 확보에 우선 사용토록 하겠습니다.
2. 선금을 전액 정산하기 이전에는 계약에 의하여 발생한 권리의무를 제3자에게 양도하지 않겠습니다.
3. 준공기간이 연장되는 등 선금 보증기간이 늘어날 경우 선금에 대한 보증서를 준공기간이 연장 되는 기간까지 지급보증기간을 연장하겠습니다.
4. 선금을 수령한 원도급자 또는 공동수급체 대표자로서 공동수급체 구성원 및 하수급업체에 선금 수령 사실을 5일 이내에 서면 통지하겠습니다.
5. 선금수령일로부터 15일이내에 공동수급체구성원 또는 하도급업자에게 선금을 배분하겠습니다. (선금 수령 이후 하도급계약이 체결된 경우에는 하도급계약 체결일로부터 15일 이내에 하도급 업자에게 선금을 배부하겠습니다.)
6. 선금을 지급한 후 다음 각호의 1에 해당하는 경우에는 당해 선금 잔액에 대해서 반환을 청구할 경우 지체 없이 반환하겠습니다. 다만, 본인의 귀책사유에 의한 경우는 당해 선금잔액에 대한 이지상당액을 가산하여 현금으로 반환하겠습니다.

① 계약을 해제 또는 해지하는 경우
② 선금지급조건을 위배하는 경우
③ 사고이월 등으로 반환이 불가피하다고 인정하는 경우
④ 정당한 사유없이 선금수령일로부터 15일이내에 공동수급체구성원 또는 하도급업자에게 선금을 배분하지 않은 경우

20 년 월 일

주 소
상 호
대 표 자 (인)

귀하

[별첨5-16] 선금반환 각서

선 금 반 환 각 서

1. 공 사 명 : 0

2. 계 약 금 액 : 일금 원정 (₩ 0)

3. 계 약 기 간 : 20 년 월 일 ~ 20 년 월 일

4. 선 금 액 : 일금 원정 (₩ 0)

위와 같이 신청하는 선금급은 노임 및 자재구매. 하도급 선금 등 계약 목적 달성을 위하여 사용할 것이며, 용도외 사용할 때는 관계 규정에 의한 반환 청구에 즉시 응할 것을 각서로 제출합니다.

20 년 월 일

주 소

상 호

대 표 자 (인)

귀하

[별첨5-17] 선금급 신청시 예금계좌

예 금 계 좌 내 역 서

귀 공사와 계좌이체를 함에 있어 다음의 입금 계좌명세에 따라 거래할 것을 확약 합니다.

입 금 계 좌 명 세 서

거 래 은 행		비 고
예 금 종 류		
계 좌 번 호		
예 금 주 명		
계 좌 이 체 방 법		

※ 본 통장은 " 공사" 용으로 개설된 통장임

20 년 월 일

주 소
상 호
대 표 자 (인)

첨부 : 법인통자사본 1부

귀하

6. 공사계획

(1) 전기사용신청서 제출

① 저압,고압 착공후 : 3개월 이내

- 한전 배전선로 용량 부족시 6개월 ~ 1년 소요
- 전기사용 신청어 접수후 현장 수전 관련 협의 진행

② 흐름도

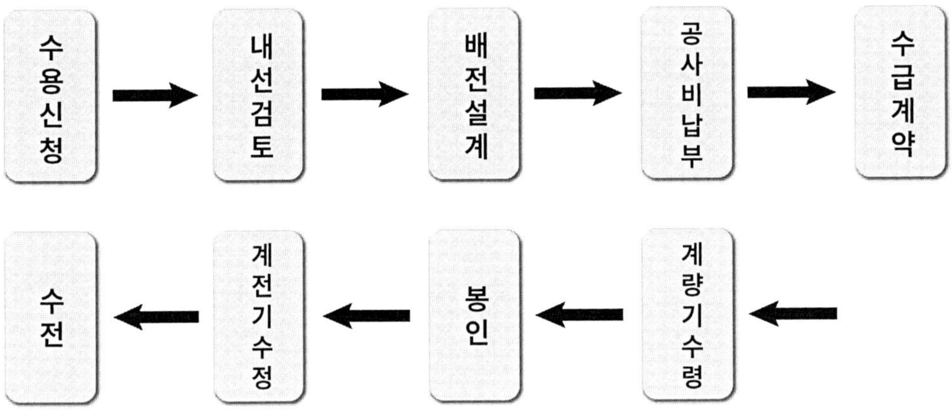

③ 첨부서류

가. 전기사용신청서

나. 건축허가서

다. 토지/건물 소유자 및 전기사용자

- 사업자등록증, 법인인감증명서, 등기부등본

마. 공사업 면허사본(시공업체), 대표자 신분증

바. 관련도면(기술사 날인)

- 저압 – 단선결선도
- 고압 – 단선결선도, 수배전반 외형도

(2) 공사계획신고(고압의 경우)

① 신고기간 : 공사를 시작하기 전

② 첨부서류

가. 공사계획신고서

나. 공사계획서

- 도면 참조하여 작성 / 발전기만 업체에 요청

다. 감리배치확인서(24년부터 없어도 됨)

라. 전기도면(전체도면 : 부하까지 해당)

마. 각종 계산서(변압기, 발전기, 접지, 부하, 케이블트레이 등)

바. 기술 시방서(특기시방, 일반시방, 표준시방)

사. 공정표(건축공정을 참조하여 전기공정표 작성)

아. 고장전류 계산서

자. 접지설계도면

- 계통도/평면도/접지상세도/대지저항측정표 접지설계결과서/전선의 단면적 선정 계산서

(3) 사용전점검 (저압)

① 한국전력공사에 전기사용신청서 접수하면 전산으로 한국전기안전공사로 사용전점검이 자동접수

- 2~3일후 한국전기안전공사와 통화하여 단선결선도 제출후 점검날짜 확정

(4) 사용전검사(고압 또는 특고)

① 검사시기(대부분의 신축건축물의 경우 2회 검사)

- 1회 : 전체공사중 수전설비가 완성된 때(한국전력공사 분기점 ~ 수전설비)
- 2회 : 공사계획에 의한 전체의 공사가 완료된 때(요청검사 – 수전설비 2차측 ~ 부하까지)

② 검사신청

- 사용전검사 최소 7일전 제출

(5) 공사예정공정표작성(실공정)

① 작성전 준비사항

타 분야의 공정표 접수(건축, 토목, 조경, 설비 등)

② 작성방법

가. 내역서 기준으로 하여금 공정구별(주요 공정별 구분)

나. 금액 및 보할 표기

다. 공사기간 설정 후 세부기간 설정(주간, 15일, 월)

라. 소장과 협의하여 기간삽입

마. 보할을 기준으로 하여금 세부보할삽입(보할/칸수)
(세부보할기입시 뒤쪽으로 갈수록 크게 기입)

바. 주간, 월간누계삽입

사. 그래프 삽입

(6) 인원/장비 투입계획

공정표를 기준으로 하여금 투입계획 기입

(7) 공사 현황판 작성(사무실 및 보고서)

공사명, 공사기간, 공사금액, 공정표, 공사개요, 공사설명 등

(8) 실행내역서 작성

① 자재비 예상투입금 작성

- 해당 업체에 견적의뢰하여 진행

② 노무비 예상투입금 작성

- 공사기간내 투입되는 인원 및 급여
- 공사기간 1년이상 일 경우 퇴직금
- 외주공사로 진행되는 부분 별도 정리

③ 경비 작성

- 식대 및 간식비
- 숙소 필요시 월세 및 관리비
- 유류대 및 차량수리비
- 현장사무실 및 창고 임대비 / 관리비
- 장비사용료
- 현장 운영비
- 대관업무비
- 각종 인허가 및 검사비

[별첨5-18] 전기사용신청서

전기사용신청서[II] (계약전력 6kW 이상)

전기사용자

고 객 명		신청일자 및 접수번호	20 . .
전기사용장소		상호(공동주택)	
주민등록번호	–	전 화 번 호	) –
E - Mail	@	휴 대 전 화	– –

건축물(토지) 소유자

소 유 자 명		주 소	
주민등록번호	–	전 화 번 호	

계약사항

신 청 구 분		공 급 방 식	상 선식 V	사 용 용 도		주 생 산 품	
계 약 종 별	전력	계 약 전 력	kW	결 정 기 준	변압기설비 ☐	사용설비 ☐	
선 택 요 금	I ☐ II ☐ III ☐			설 비 용 량	변압기설비 kVA	사용설비 kW	
APT 계약방법	단일계약 ☐	종합계약 ☐					
요금청구장소	• 전기사용장소와 동일한 경우 : ☐ • 전기사용장소와 다른 경우 :						
세금계산서발행	사업자등록번호	상 호		업 태		종 목	
자 동 이 체	은 행 명	예 금 주		주민번호 –		계좌번호	
이 메 일 청 구	YES(매월 200원 전기요금 할인) ☐	NO ☐					
모 바 일 청 구	휴 대 폰 번 호 ※ 매월 200원 전기요금 할인(청구내역 SMS 확인시 데이터수신비용 약 20원은 고객부담)			인 증 번 호			

사용전점검

사용전 점검기관	한 전 ☐ 안전공사 점검분을 제외한 전고객 안전공사 ☐ 전기사업법 시행령 제42조의 2에 의한 절기설비와 한전점검분 중 고객희망 전기설비	사용전 점검일정	접수일(내선의뢰)	점 검 희 망 일	점검필증 확인일
전기공사 업체명	(인)	면 허 번 호			
		전 화 번 호			
사 용 희 망 일	20 . . .	전 주 관 리	변압기설치 전주번호 :	인입전주 번호 :	

"전기공사 업체명"에는 반드시 유자격 내선공사 업체명을 기재하고 공사업체(또는 대표자)의 인감을 날인하여야 합니다.

• 귀 공사의 전기공급약관을 준수할 것을 동의하며 위와 같이 전기사용을 신청합니다.
• 부득이한 사유로 전기공급 중지시 피해가 발생될 우려가 있을 경우에는 전기공급약관에 따라 비상용 자가발전기 등의 적절한 자체 보호장치 설치를 검토하겠으며, 이를 설치 하지않아 발생한 피해에 대해서는 피해보상을 요구하지 않겠습니다.
• 전기사용신청은 실제 사용자 명의로 신청하며, 매매(임대차) 등으로 전기사용계약자가 변경되는 경우에는 그 변경내용을 14일 이내에 한전에 통지하겠습니다.
• 사용설비 용량 또는 전기사용 용도가 변경되어 계약전력 또는 계약종별의 변경이 있는 경우 1개월 이내에 한전에 알리겠으며, 변경내용을 알리지 않아 발생하는 한전의 손해배상 청구(위약금 등)에 대해서는 이의신청을 하지 않겠습니다.

년 월 일 **전기사용자** (인)

위 전기사용신청에 대하여 사용자 명의로 전기사용 신청함을 동의합니다.

소 유 자 (인)

행정정보 공동이용에 대한 사전동의서

본인은 전기사용 신청업무의 처리를 위하여 「전자정부법」 제36조에 따른 행정정보의 공동이용을 통해 한국전력의 업무처리담당자가 전자적으로 본인의 구비서류를 확인하는 것에 동의합니다.

공동이용 행정정보(구비서류)	동의여부(동의시 서명 또는 날인)	
건축허가서	소유자	(인)
주민등록등(초)본	사용자	(인)

※ 건축물 대장 및 토지(임야)대장은 공시성 행정정보이므로 행정정보 공동이용에 대한 사전동의 불요

개인정보 수집 · 이용(제공) 동의서

신청서에 기재(제시)한 본인의 개인정보는 「공공기관의 개인정보에 관한 법률」에 따라 한국전력이 수집 · 이용(제공)시 본인의 동의를 얻어야 하는 정보입니다.
본인은 아래 내용의 설명을 읽고 이해하였으며, 한국전력의 개인정보 수집 · 이용(제공)에 대하여 동의합니다.

1. 개인정보 수집 및 이용 목적
   가. 고객상담 처리, 전기사용신청 처리, 사용전점검 신청, 고객정보변경, 자동납부 업무, 1주택 수가구업무, 전기요금청구서 발송, 자율검침업무처리, 요금할인 신청 · 해지 처리, 기타민원(TV보유대수 변경 / 지장전주이설 / 인입선정비 · 변경 / 개폐기조작 신청 등) 처리
   나. 고지사항 전달, 본인의사 확인 등 원활한 의사소통 경로확보
   다. 기타 개인정보취급방침(cyber.kepco.co.kr)에 고지된 수탁기관에게 서비스 제공 등 계약의 이행에 필요한 업무의 위탁
2. 수집항목
   신청인 및 소유자의 성명 · 주민등록번호 · 전화번호 · 주소, 국가유공자증명 / 복지할인증명 등 제증명사항, 전기사용장소 및 청구지 주소, 이메일주소, 계좌(카드) 정보, 전기사용기간 / 기록, 요금 결제기록
3. 이용 및 보유기간
   전기사용기간(신청일~해지일) 및 분쟁대비기간(계약 등 관한 기록 : 5년) 동안 이용하고 지체없이 파기하며, 관련법령의 규정에 의하여 거래관련 권리의무 관계 등의 확인을 이유로 일정기간 보유하여야 할 필요가 있을 경우에는 일정기간 보유함

   본인은 상기 내용에 대하여 내용을 충분히 읽고 이해하였으며, 한국전력의 개인정보 수집 · 이용(제공)에 동의합니다.

전기사용자 (인) **소 유 자** (인)

개인신용정보의 조회 및 이용 동의서

「신용정보의 이용 및 보호에 관한 법률」 제32조 제2항에 따라 한국전력이 아래와 같은 내용으로 신용정보회사, 신용정보집중기관 등에 본인의 신용정보를 조회 및 이용하는 것에 대하여 동의합니다.

- **조회할 신용정보 :** 신용거래정보, 신용능력정보, 공공기관 보유정보, 신용등급 · 평점정보 및 기타 신용도 판단에 필요한 개인신용정보 등
- **조회목적 :** 보증금 설정 및 유지여부 등의 판단
- **동의서 유효기간 :** 제출한 시점부터 전기수급계약 해지시까지

※ 본 동의서는 소유자가 아닌 사용자명의로 전기사용신청(변경)시 보증조치가 필요한경우에 자신의 신용정보에 따라 보증금 면제를 희망하는 고객이 작성합니다.
※ 귀하의 신용정보를 조회한 기록은 귀하의 신용등급에 영향을 주지 않습니다.

전기사용자 (인)

전기사용신청 위임장

전기사용신청서의 작성내용이 틀림없음과 신청서상의 서명 · 날인은 본인이 직접하였음을 확인하고 전기사용신청 업무 일체를 위임합니다.

위임하는 사람 (사용자)	성명(법인명)	(인)	주민등록번호(법인번호)	
	주 소			
위임받는 사람	성명(법인명)	(인)	주민등록번호(법인번호)	
	주 소			

다른 사람의 인장 · 서명 도용 등에 의해 허위로 위임장을 작성 신청한 경우에는 형법 제231조와 제232조의 규정에 의하여 사문서 위 · 변조죄로 5년 이하의 징역에 처하게 됩니다.

※ 대리로 오신분은 신분증 또는 전기공사업 면허증을 제시하시기 바랍니다.

전기공급약관 주요내용

1. 소유자가 아닌 사용자 명의로 전기사용을 신청하거나 변경하고자 할 경우에는 **소유자의 동의**를 받고, 전기공급약관 제79조(요금의 보증)에 따라 **전기요금에 대한 보증**을 해야 합니다.
2. 고객이 전기사용계약을 해지하고자 할 경우 **해지희망일을 정해 1일전까지 한전에 통지**하여야 합니다. 한전은 고객이 요금을 납기일부터 2개월이 되는 날까지 납부하지 않을 경우에는 전기사용계약을 해지할 수 있습니다. 다만 주거용 주택용 고객은 별도 정하는 바에 따릅니다. 한전은 전기공급약관 제45조(고객의 책임으로 인한 공급의 정지)에 따라 공급정지된 고객이 정지일로부터 10일 이내에 그 사유를 해소하지 않을 경우에는 전기사용계약을 해지할 수 있습니다.
3. 소유자는 **전기사용자의 동의를 얻어야** 전기사용자의 전기사용계약 해지를 신청할 수 있으며, 이 경우 전기사용자가 계속해서 전기를 사용하고자 할 경우에는 전기사용자가 **전기요금에 대한 보증조치**를 해야 합니다.
4. 전기사용계약 **해지일로부터 3년 경과 후 전기를 재사용하는 경우에는 시설부담금을 납부**하여야 하며, 전기사용계약을 해지한(계약전력의 일부 감소포함) 고객과 동일한 고객이 1년 이내에 동일 전기사용장소에서 전기를 재사용하는 경우에는 해지기간 중의 기본요금을 부담합니다.**(심야전력은 선택공급약관에 의합니다.)** 전기사용계약을 해지한 후 재사용할 때의 공급조건이 해지 당시와 다른 경우에는 재사용고객과 해지이전 고객의 동일 여부에 관계없이 약관 제89조(공급설비의 변경에 따른 시설부담금)에 따라 산정한 시설부담금을 부담합니다.
5. 전기사용계약이 해지되거나 전기공급이 정지된 장소에서 전기를 다시 공급받는 고객은 **재사용수수료를 부담**합니다.
6. 1전기사용장소내의 계약전력 합계가 500kW미만인 경우 저압공급 할 수 있으며, 신증설 후 계약전력 합계가 150kW이상인 경우 공중 또는 지중공급대상지역에 관계없이 고객의 전기사용장소 내에 한전공급설비 설치장소를 무상으로 제공받아 공급함을 원칙으로 합니다. 다만, 기설 한전변압기에 여유용량이 있거나 경제적 · 기술적으로 타당하다고 인정되고 공급여건상 가능한 경우 신증설 후 계약전력 합계가 300kW미만까지는 전기사용장소 밖의 한전 변압기에서 공급할 수 있습니다.
7. 고객이 약관 위반의 전기사용으로 요금이 정당하게 계산되지 않았을 경우, 한전은 정당하게 계산되지 않은 금액의 **3배**를 한도로 위약금을 받으며, 정당하게 계산되지 않은 기간을 확인할 수 없을 경우에는 6개월 이내에서 한전과 고객이 협의하여 결정합니다. 다만, 직전 위약금 부과일로부터 **1년 이내에 이 약관을 다시 위반**하여 전기를 사용함으로써 요금이 정당하게 계산되지 않았을 경우, **최대 5배를 한도**로 위약금을 부과합니다.
8. 한전의 직접적인 책임이 아닌 사유로 전기공급을 중지하거나 사용을 제한한 경우 및 누전·기타 사고가 발생한 경우에는 고객이 받은 손해에 대해 배상책임을 지지 않습니다.
9. 고객과 한전간의 전기설비에 대한 안전 및 유지보수의 책임한계는 수급지점으로 하며, 전원측은 한전이 고객측은 고객이 각각 책임집니다.
10. "계약전력"은 변압기설비와 사용설비로 산정한 것 중 고객이 신청한 것을 기준으로 결정합니다.
11. 고압이상의 전압으로 공급받는 일반용 · 교육용 · 산업용(갑, 을) · 산업용(병) 고압A 고객은 고객의 희망에 따라 "선택요금(Ⅰ또는 Ⅱ)"을 적용하고, 산업용(병) 고압B · C 고객은 선택요금(Ⅰ, Ⅱ또는 Ⅲ)을 적용합니다. 월간 사용시간이 200시간 이하인 경우에는 선택요금(Ⅰ)이, 200시간을 초과할 경우에는 선택요금(Ⅱ)가 유리합니다.[선택요금(Ⅲ)은 월간 500시간 초과 사용시 유리]
12. 최대수요전력계 설치 고객은 검침당월을 포함한 직전 12개월 중 7, 8, 9월분 및 당월분으로 고지한 전기요금 청구서상의 사용기간 중 가장 큰 최대수요전력을 요금적용 전력으로 합니다.(최대수요전력이 계약전력의 30% 미만 시 계약전력의 30%를 요금적용전력으로 적용)
13. "교육용전력 저압고객과 대표고객의 변압기를 공동이용하는 고객"은 고객희망시 고객소유로 최대수요전력계를 설치할 수 있으며, 이 경우 기본요금은 전기공급약관 제68조 제2항에 따라 산정합니다.
14. 계약전력 20kW 이상 일반용·산업용·농사용·임시전력(을)의 경우 역률이 90%를 초과할 경우 95%까지 초과하는 매 1%마다 기본요금의 1%를 감액하며, 역률이 90%를 미달하는 경우 60%까지 미달하는 매1%마다 기본요금의 1%가 추가하여 부과되므로 **적정용량의 콘덴서를 개별기기별로 설치**하시기 바랍니다.(교육용은 고압만 해당)
15. 고객이 전기요금을 납기일을 경과하여 납부하는 경우 처음 1개월은 미납요금의 2%, 다음 1개월은 미납요금의 2%를 부과합니다.(2개월 누계 최대 4% 부과)
16. 저압으로 전기를 사용하는 일반용 · 교육용 · 산업용 · 농사용(병), 가로등(을) 및 임시전력(을) 고객이 계약전력을 초과하여 전기를 사용함에 따라 사용전력량이 계약전력 1kW마다 월간 450kWh를 초과하는 경우 첫 번째 초과하는 달에는 초과요금의 부과를 예고하고 두 번째 달부터 초과 사용전력량에 대하여 전력량요금 단가의 150%를 추가하여 부과합니다.(720시간 초과사용량은 300%)
17. 전기공급약관 별표2 **기타사업**으로서 계약전력이 300kW이상 1,000kW 미만인 경우에는 산업용전력(갑)과 (을)중, 계약전력이 1,000kW 이상인 경우에는 산업용전력(갑), (을), (병) 중 고객이 신청하는 계약종별을 적용합니다.
18. **임시전력은 2년미만의 기간을 정하여 전기를 사용하고자 할 경우 공급함을 원칙으로 하며, 2년이상 임시전력을 사용하는 고객은 상시전력과 동일한 기준으로 시설부담금을 재산정하여 이미 납부한 설계시설부담금과의 차액을 정산합니다. 다만 건설공사에 사용하는 전력등과 같이 임시기간 종료후 상시전력으로의 전환이 명백히 예상되는 경우에는 임시전력 사용기간을 2년이상으로 정할수 있으며 시설부담금은 정산하지 않습니다.**
19. **기타 명시되지 않은 사항은 전기공급약관 및 시행세칙을 참고하시기 바라며, 약관 및 시행세칙이 변경된 경우에는 변경된 내용에 따릅니다.**
(한전 사이버지점 http://cyber.kepco.co.kr에서 확인 기능)

상기내용을 읽고 숙지하였음을 확인합니다.

전기사용자 (인)

전기사용신청 구비서류

- 전기사용자 : ① 주민등록등본(개인) 또는 법인등기부등본(법인) ② 사업자등록증 사본(사업자인 경우) ③ 법인인감증명원(법인)
- 소 유 자 : ① 건축허가서 · 건축물대장 · 건물등기부등본 · 토지대장 중 1종
  ② 주민등록증 사본(개인인 경우) 또는 법인인감증명원(법인인 경우)

※ 한전이 직접열람 가능한 서류 : 건축허가서, 건축물대장, 토지대장, 주민등록등본

전기사용신청서[II] 작성방법

전 기 사 용 자

1. 고객명 : 실제 전기사용자의 성명을 기재합니다.(법인인 경우에는 법인명 기재)
2. 신청일자 및 접수번호 : 신청일자는 전기사용을 신청하는 날을 기재하며, 접수번호는 한전의 접수담당자가 기재합니다.
3. 전기사용장소 : 실제 전기를 사용하고자 하는 건물(장소)의 법정동 지번을 기재합니다.(건물이 없는 경우는 토지 지번 기재)
4. 상호(공동주택) : 사업자등록증상의 상호 또는 공동주택의 경우 공동주택명을 기재합니다.
5. 주민등록번호 : 실제 전기사용자의 주민등록번호를 기재합니다.(법인의 경우 법인등록번호 기재)
6. 전화번호 : 실제 전기사용장소 또는 실 사용자와 연락 가능한 전화번호를 기재합니다.
7. E-mail : E-mail이 있는 경우 기재합니다. E-mail을 통해서 전기사용신청 진행사항 안내 등을 시행하며, E-mail 청구를 희망할 경우 기재된 E-mail 주소로 청구서를 발송합니다.
8. 휴대전화 : 실제 전기사용자의 휴대전화번호를 기재합니다.

건축물(토지) 소유자

9. 소유자명 : 건물(또는 토지) 소유자의 성명을 기재합니다.(법인인 경우에는 법인명 기재)
10. 주소 : 소유자의 주소지를 기재합니다.
11. 주민등록번호 : 소유자의 주민등록번호를 기재합니다.
12. 전화번호 : 건축물(토지) 소유자와 연락 가능한 전화번호를 기재합니다.(휴대전화 포함)

계 약 사 항

13. 신청구분 : 신설, 증설, 일부해지, 공급방식 변경(증설), 계약단위 합병, 계약단위 분할, 공급선로 변경, 수급지점 변경, 인입선 위치 변경, 해지 후 재사용 중 해당 사항을 기재합니다.
14. 공급방식 : 1상 2선식 220V, 3상 4선식 220 / 380V 또는 3상 4선식 22,900V 중 하나를 기재합니다.
15. 계약종별 : 실제 전기사용용도에 따라 주택용, 일반용, 교육용, 산업용, 농사용, 가로등, 예비전력, 임시전력, 심야전력 중 하나를 기재하며, 전기공급약관 및 동 시행세칙에 따라 결정합니다.
16. 계약전력 : 전기사용계약상 사용할 수 있는 최대전력을 의미하며, 전기사용설비의 합계로 합니다.
17. 사용용도 : 실제 전기사용용도를 구체적으로 기재합니다.(예시 : 주거용, 상업용, 관공용, 농사용, 가로등용, 광공업용, 공공용, 국군용 등)
18. 주생산품 : 주거용고객 이외의 고객이 작성하며 영업목적물을 기재합니다.(예시 : 휴대폰 판매, 슈퍼, PC방, 농산물 건조, 자동차 제조 등)
19. 요금청구장소 : 전기요금청구서를 수령할 주소지를 선택합니다.
    - 전기사용장소와 요금청구장소가 다른 경우 전기요금청구서를 수령할 주소지를 기재합니다.
20. 자동이체 : 금융기관을 통해 전기요금을 자동으로 계좌이체 하고자 할 경우 작성합니다.
21. 인터넷이메일청구 : 전기요금청구서를 인터넷 이메일로 수령하고자 할 경우 작성합니다.
22. 모바일청구 : 전기요금청구서를 고객의 휴대전화로 수령하고자 할 경우 작성합니다.
23. 사용희망일 : 전기를 실제로 사용하고자 하는 날을 기재합니다.
24. 세금계산서발행 : 전기요금 및 시설부담금에 대한 세금계산서를 발행받고자 하는 경우에 작성하며, 이 경우 사업자등록증 사본을 제출하셔야 합니다.
25. 전주관리 : 한전이 작성합니다.
26. 사용전 점검기관 : 주택용고객은 한전, 그 외의 고객은 전기안전공사에서 담당하며, 한전 점검대상도 고객이 희망할 경우 전기안전공사에서 점검할 수 있습니다.
27. 사용전점검일정 : 사용전점검 요청을 한 접수일, 점검희망일 및 점검필증의 확인일을 고객과 협의하여 한전에서 기재합니다.
28. 전기공사업체명 : 전기사업법에 따라 전기공사는 전기공사업 면허를 가진 업체만 시공할 수 있으므로 반드시 적법한 면허가 있는 전기공사 업체명을 기재하고, 공사업체(또는 대표자)의 인감을 날인합니다.

기 타 사 항

29. 전기사용자 날인 : 실제 전기를 사용하고자 하는 고객이 신청사항을 확인하고 날인(서명)합니다.
30. 소유자 날인 : 실제 사용자와 소유자가 다른 경우 소유자가 사용자의 전기사용에 관한 동의 의사표현을 위해 날인(서명)합니다.
31. 행정정보 공동이용에 대한 사전동의 : 전기사용자와 소유자의 전기사용신청 구비서류 제출에 따른 불편을 해소하기 위하여 전자정부를 통해 한전이 관련 서류를 직접 열람하는 것을 희망할 경우 각각 날인(서명)합니다.
32. 개인정보 수집 · 이용(제공) 동의 : 전기사용신청서에 기재된 개인정보의 수집 목적, 수집항목, 이용 및 보유기간을 전기사용자 및 소유자가 확인하고 동의함을 각각 날인(서명)합니다.
33. 개인신용정보의 조회 및 이용동의 : 소유자가 아닌 사용자 명의로 전기사용 신청시 전기사용자의 신용정보에 따라 보증금 면제를 희망하는 경우 개인신용정보의 조회 및 이용에 동의함을 날인(서명)합니다.
34. 전기사용신청 위임장 : 전기공사업체를 통해 신청할 경우 전기사용신청 업무를 위임했음을 확인하기 위해 날인(서명)합니다.

[별첨5-19] 공사계획신고서

■ 전기사업법 시행규칙 [별지 제25호서식] <개정 2021. 4. 1.>

공사계획 [ ] 인가 / [ ] 변경인가 신청서

※ 바탕색이 어두운 난은 신청인이 작성하지 않으며, [ ]에는 해당되는 곳에 √표를 합니다.

접수번호	접수일자	처리기간 20일

공사명		
신청인	대표자 성명	전화번호
	회사명 또는 상호	
	주소	

「전기사업법」 제61조 및 같은 법 시행규칙 제29조제1항에 따라 공사계획 [ ]인가 [ ]변경인가를 신청합니다.

년 월 일

신청인 (서명 또는 인)

산업통상자원부장관 귀하

첨부서류	1. 공사계획서 1부 2. 전기설비의 종류에 따라 별표 8의 제2호에 따른 사항을 적은 서류 및 기술자료 1부 3. 공사공정표 1부 4. 기술시방서 1부 5. 원자력발전소의 경우에는 원자로 및 관계시설의 건설허가서 사본 1부 6. 전기안전공사 사전기술검토서 1부 7.「전력기술관리법」 제12조의2제4항에 따른 감리원 배치확인서(공사감리대상인 경우만 해당합니다). 다만, 전기안전관리자가 자체감리를 하는 경우에는 자체감리를 확인할 수 있는 서류 1부 8. 공사계획을 변경하는 경우에는 변경이유서 및 변경내용을 적은 서류 1부

처 리 절 차

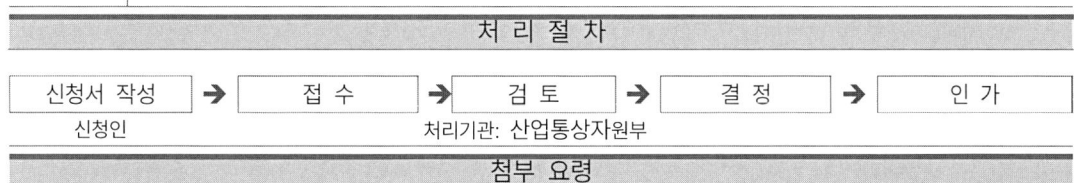

신청서 작성	→	접 수	→	검 토	→	결 정	→	인 가
신청인		처리기관: 산업통상자원부						

첨부 요령

1. 변경공사 중 전기설비 폐지공사의 경우에는 첨부서류 중 제2호 서류를 첨부하지 않을 수 있습니다.

2. 공사계획을 나누어 인가신청을 하려는 경우에는 해당 인가신청 부분 외의 공사계획의 개요를 적은 서류를 첨부해야 합니다.

210mm×297mm(백상지 80g/m²)

[별첨5-20] 공사계획서

공사 계획서

1. 일반적 기재사항

가. 수용설비의 위치

○ 주　　　소 : 경기도 한국시 대한천리 무궁화길 000

○ 업　체　명 : 홍　길　동

나. 소용설비의 최대전력 및 수전전압

○ 최대전력 : 5,000 kVA

○ 수전전압 : 22.9kV

다. 공급변전소 명칭

○ 한국전력공사　　　　　　변전소

2. 설비별 기재사항

가. 차단기(1000V 이상)

구　　분	수용차단기	배전용차단기
종　　류	VCB	
전　　압	28.5kV	
전　　류	630A	
차 단 용 량	12.5kA	
수　　량	1	
보호계전장치의 종류	OCR,OCGR,OVR,VUR,POR	

나. 변압기(1000V 이상)

용　량	전　압 1차/2차	상수	결선법	대수	용도	보호 계전 장치의 종류
2,000kVA	22.9kV/380V	3상	$\Delta - Y$	2대	지하2층~13층 동력	
1,000kVA	22.9kV/380V	3상	$\Delta - Y$	1대		

다. 전동기(1000V 이상)

용량 및 출 력	전압	상수	주파수	회전수	기동 방식	대수	용도	보호 계전 장치의 종류

라. 콘덴서(1000V 이상)

용 량	전압	상수	주파수	결선법	대수	비고

마. 전선로(전압1000V이상에 한함, 구내고압연장)

(1) 종 류 : 가종, 옥측, 옥상, 지중, 기타

(2) 전 압 : 22.9kV

(3) 전기방식 :3상 4선

(4) 중성점 접지방식 : 직접접지

(5) 중선의 종류 및 굴기 : FR-CNCO-W 60mm^2-1C×3 - 2Line

(6) 가공전선로의 최저 높이 : m

(7) 가공전선로의 전선상호간의 간격 : m

(8) 지지물의 종류 :

(9) 애자의 종류, 크기 및 현수형의 경우 일련의 개수 :

(10) 지중전선로의 부설방법 : 직접매설, 닥트매설

(11) 보호계전장치의 종류 :

바. 비상용발전설비

(1) 내연기관

(가) 종 류 : 디젤엔진

(나) 출 력 : 비상 625kW, 연속 563kW

(다) 회전수 : 1800rpm

(라) 비상조속장치의 종류 : 진기식

(마) 과급기의 종류 :

과급기의 출력압력 : bar

과급기의 회 진 수 : rpm

과급기의 개 수 : 개

(바) 냉각수 설비용량 : 자지애타 공랭식

(2) 발전기

(가) 종　류 : 동기여자발전기

(나) 출　력 : 비상 660kW / 825kVA

(다) 역　률 : 80%

(라) 전　압 : 220/380 V

(마) 상　수 : 3상 4선

(바) 주파수 : 60 Hz

(사) 회전수 : 1800 rpm

(아) 결선법 : Y 결선

(자) 냉각법 : RADIATOR COOL WITH FAN

(차) 발전전동기 경우에는 출력 :　　　　kW

(카) 여자장치 :

종　　류 : 브러시레스 자여자방식

용　　량 : 7.5 kW

회 전 수 : 1800 rpm

구동바법 : 엔진구동

개　　수 : 상용　1 개,　　예비 0 개

보호계전장치와의 종류 : 디지털메터 (WITH/OCR,OVR,UVR,OCGR)

(타) 원동기와의 연결방법 : 직렬

20　　년　　월　　일

[별첨5-21] 사용전검사 신청서

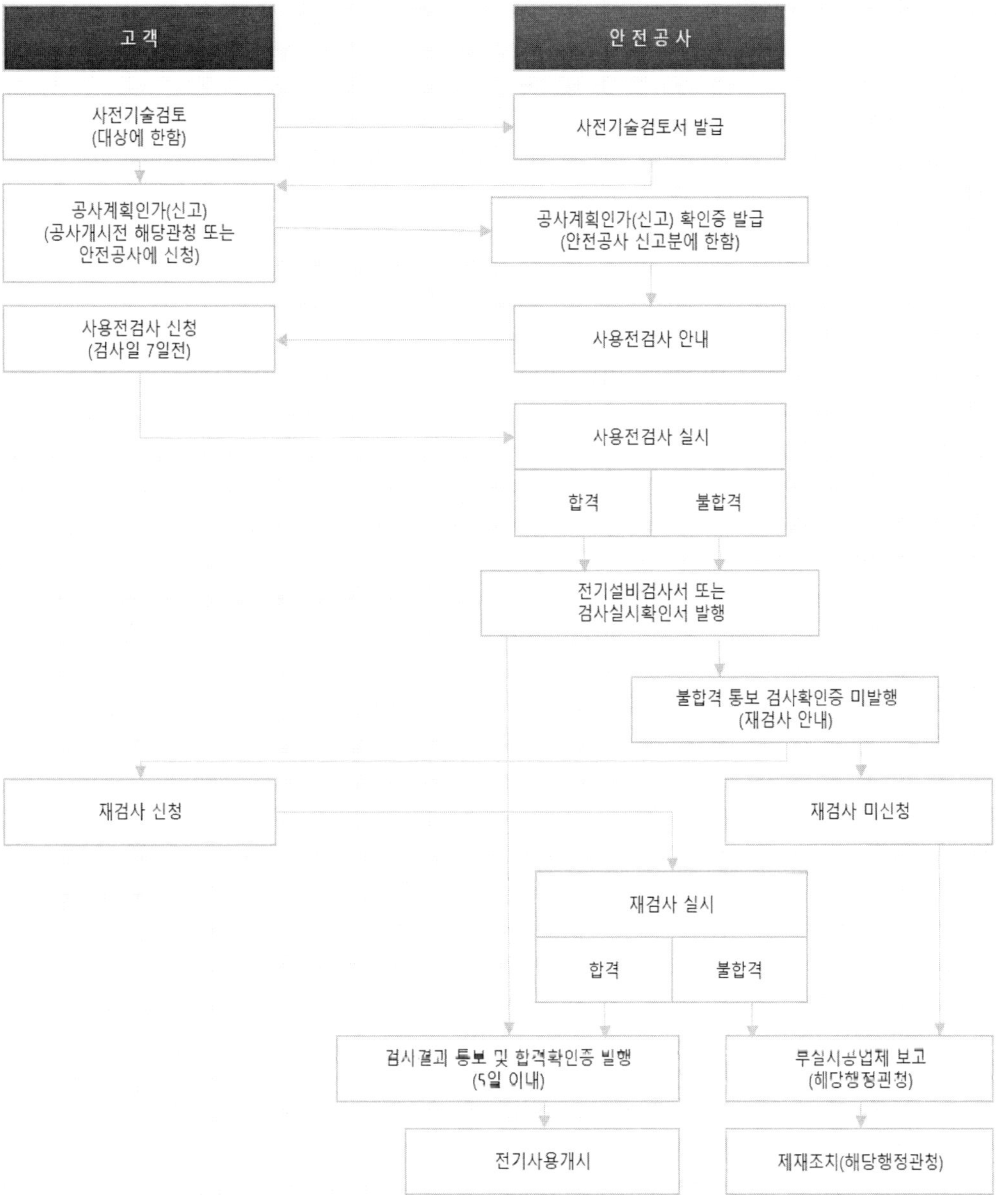

■ 전기안전관리법 시행규칙 [별지 제7호서식]

사용전점검 신청서

※ 바탕색이 어두운 난은 신청인이 작성하지 않습니다. (앞쪽)

접수번호	접수일자	처리기간

신청인	대표자 성명	전화번호
	회사명 또는 상호	
	주소	

시공자	대표자 성명 ㉿	전화번호
	회사명 또는 상호	전기공사업등록번호 제 호
	주소	

점검받을 전기설비에 관한 사업장 명칭 및 소재지	
전기설비 개요	한전 고객번호
점검희망 연월일 년 월 일	

「전기안전관리법」 제12조제1항 및 같은 법 시행규칙 제11조제2항에 따라 위와 같이 사용전점검을 신청합니다.

년 월 일

신청인 (서명 또는 인)

한국전기안전공사 귀하

첨부서류	1. 전기설비 단선결선도 (태양광발전설비의 경우 「전력기술관리법」제2조제3호에 따른 설계도서를 포함합니다) 1부 2. 전기사용신청서 사본 또는 전기사용계약을 증명할 수 있는 서류 1부	수수료 없 음

작성방법
전기설비 개요란에는 전기설비의 전압 및 용량을 적습니다.

210mm×297mm[백상지(80g/m²)]

(뒤쪽)

처리절차

이 신청서는 아래와 같이 처리됩니다.

신 청 인	처 리 기 관
	한국전기안전공사

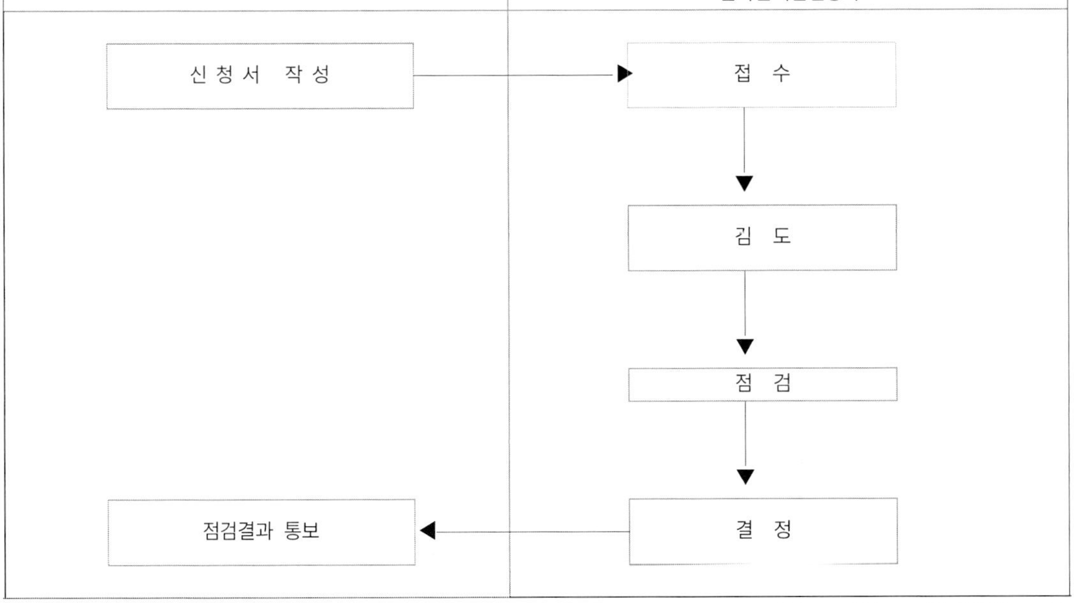

210mm×297mm[백상지(80g/m²)]

[별첨5-22] 공사예정공정표

공 사 공 정 표 (예시)

■ 일반적인 기재사항

1. 공 사 명 :
2. 착 공 일 :
3. 준 공 일 :
4. 공사기간 :
5. 공사 공정표

공사시기 / 공사명	2005년도											
	1월	2월	3월	4월	5월	6월	7월	8월	9월	10월	11월	12월
접지공사	—											
배관공사	—	—	—			—						
.												
.												
.												
조명설비공사					—		—	—	—			
동력설비공사				—	—	—	—	—	—	—		
전열 기타 설비공사	—	—							—	—	—	
.												
.												
.												
시설의 검사 시험 및 조사											—	
준 공												—

년 월 일

[별첨5-23] 단락용량 계산서

3상 단락용량 계산서 (예시)

전력계통의 단락전류를 계산하여 전기설비의 단락용량을 결정하기 위한 계산서로써 계통의 전압계급, 계산기준 및 방법, 계통의 임피던스 계산, 계산결과에 의한 차단용량선정 등의 내용이 포함된 서류로 구성되며 하나의 예로써 열병합발전소의 계산서를 보면 다음과 같다.

1. 전력계통

(1) 송수전계통 : 154kV 송수전설비와 소내 수전설비로 구성

(2) 설비용량 : 포화연도 기준

(3) 전력계통의 전압계급

- 154kV 3상 60Hz : 송수전(12GVA)
- 13.8kV 3상 60Hz : 발전(48MVA 0.9PF)
- 6.6kV 3상 60Hz : 고압전동기
- 460V 3상 60Hz : 저압전동기
- 380-220V 3상4선 60Hz : 저압 전등전열

2. 계산기준

(1) 단락용량 계산은 전계통 모두를 계산한다.

(2) 한국전력 154kV 계통의 단락용량은 12GVA로 한다.

(3) 변압기(A, B, C)의 임피던스는 각각 14.5%, 11%, 7%를 적용한다.

3. 적용기준

(1) IEC 56

(2) IEC 909

(3) GE INDUSTRIAL POWER SYSTEM DATA BOOK

(4) 전기기술계산핸드북

[별첨5-24] 임피던스 도면

Impedance Diagram For Short Circuit Calcuation (예시)

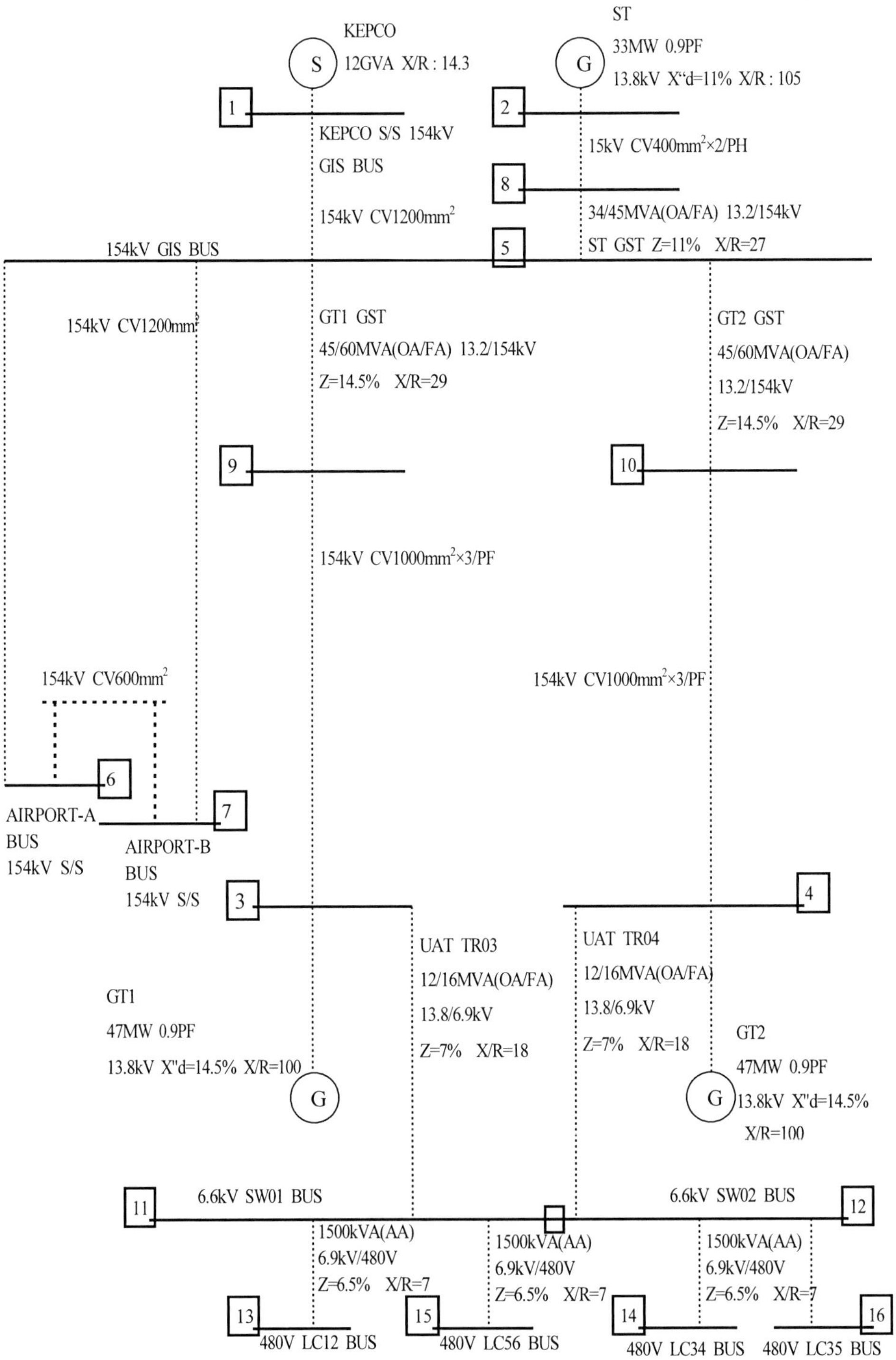

[별첨5-25] 계산결과 및 차단기 차단용량선정

계산결과 및 차단기 차단용량선정

BUS NO	BUS NAME	PEAK Ip	SYMM Ib	SELECTED CB`S INTERRUP (kA)
1	KEPCO	124.783	48.424	50
2	ST	78.131	30.559	
3	GT1	94.490	38.103	25
4	GT2	94.550	38.119	25
5	154kV GIS	124.214	48.206	50
6	AIRPORT-A	91.848	35.843	50
7	AIRPORT-B	82.912	32.814	50
8	ST GST SEC	81.712	35.361	
9	GT1 GST SEC	96.553	41.881	
10	GT2 GST SEC	96.668	41.925	
11	6.9kV SW01	79.124	30.726	31.5
12	6.9kV SW02	79.079	30.771	31.5
13	480V LC12	80.946	38.895	42
14	480V LC34	79.367	38.137	42
15	480V LC56	79.747	38.320	42
16	LTG TR SEC	27.255	13.098	14

ATTACHMENT : IEC9009 STANDARD SHORT CIRCUIT
CALCULATION FOR ELECTRICAL SYSTEM

변압기 용량선정 검토서 (예시)

변압기 용량을 결정하기 위한 부하조사(또는 집계)표와 계산조건, 계산식 및 용량계산에서 선정까지의 과정을 기록한 검토서로써 구성되며, 개략적인 형태를 나타내면 다음과 같다.

1. 변압기용량 계산

구 분	총부하 (kVA)	수용부하 (kVA)	수용율 (%)	부등율 (%)	여 유 계 수	계산용량 (kVA)	변압기용량 (kVA)	비 고
전 등 전 열								
냉방동력								
펌프동력								
· ·								
기 타								
합 계								

※ 변압기용량 계산

- 계산조건 :
- 계 산 식 :
- 변압기 용량선정 :

2. 부하조사(또는 집계)표

[A지구 변전실]

부 하 명		대 수		사용전압[V]					
		설 비 대 수	운 전 대 수	정격용량 (kW)	효율 (%)	역률 (%)	입력용량 (kVA)	수요전력 (kW)	비 고
전등 전열	○○ ○○								
	소계								
동력	냉방 펌프 ○○								
	소계								
· ·									
기 타									
합 계									

3. 전압강하 계산서

[별첨5-26] 공사예정공정표(토목, 건축, 기계 공정을 참고하여 작성)

공 사 예 정 공 정 표

현장명: 다산진건 0000L 공동주택 신축공사 중 전기설비공사

공사기간: 2021년 8월 25일 ~ 2024년 02월 25일

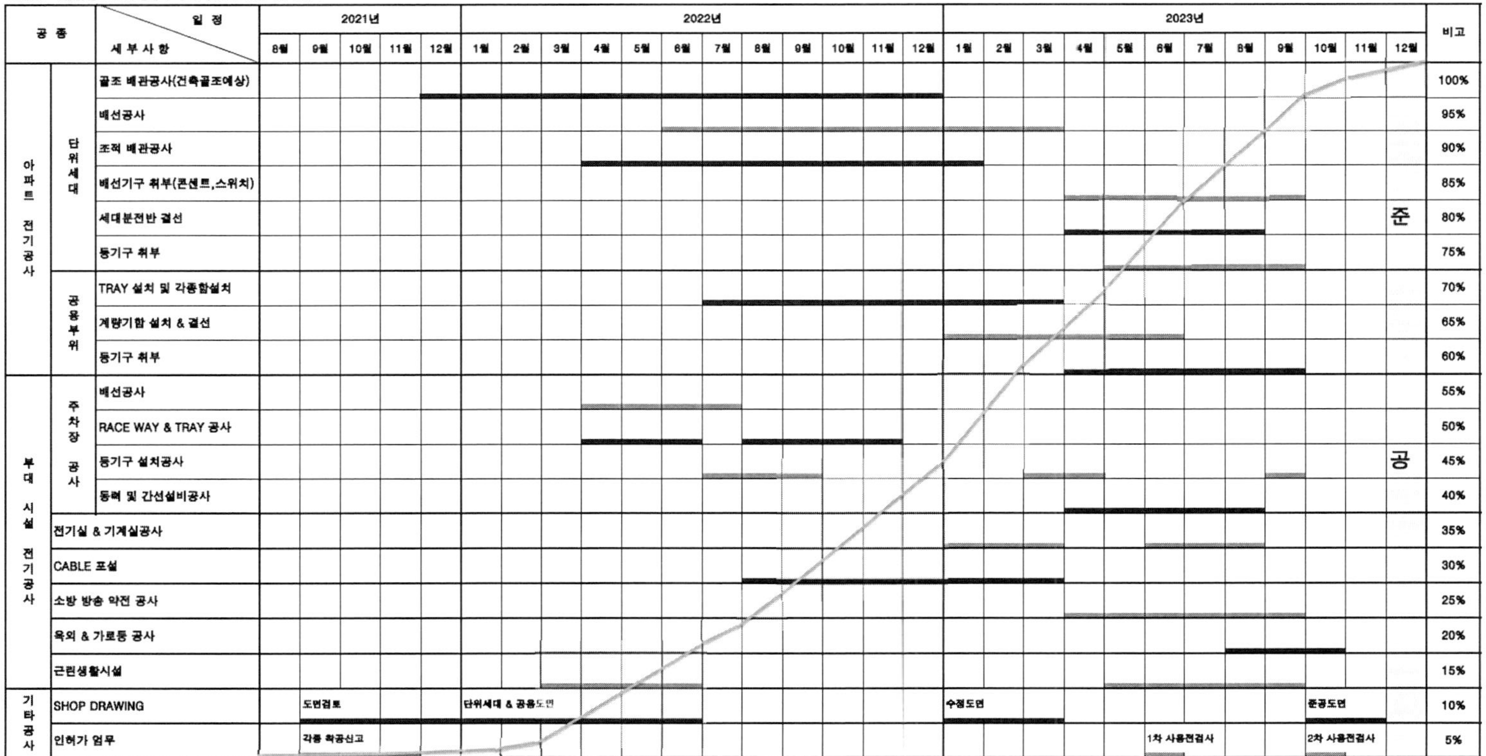

구분	세부사항	2021년 8월	9월	10월	11월	12월	2022년 1월	2월	3월	4월	5월	6월	7월	8월	9월	10월	11월	12월	2023년 1월	2월	3월	4월	5월	6월	7월	8월	9월	10월	11월	12월	비고
공정	공 정(%)	0	0.19	0.38	0.38	0.57	1.14	1.33	1.52	2.28	2.66	3.42	3.61	4.75	4.94	4.94	4.75	4.75	4.75	4.75	4.75	6.84	6.84	6.84	6.84	5.32	2.85	2.85	2.85	2.85	
	누계공 정(%)	0	0.2	0.6	1.0	1.5	2.7	4.0	5.5	7.8	10.5	13.9	17.5	22.2	27.2	32.1	36.9	41.6	46.4	51.1	55.9	62.7	69.6	76.4	83.3	88.6	91.4	94.3	97.1	100.0	
M/D	월 투입인원	0	30	60	60	90	180	210	240	360	420	540	570	750	780	780	750	750	750	750	750	1080	1080	1080	1080	840	450	450	450	450	
	누 계 인원	0	30	90	150	240	420	630	870	1230	1650	2190	2760	3510	4290	5070	5820	6570	7320	8070	8820	9900	10980	12060	13140	13980	14430	14880	15330	15780	

* 현장 여건에 따라 공정표는 변경될 수 있음.

㈜0000계전

[별첨5-27] 공사현황판

설계개요

사업명칭			서울 고덕강일공공주택지구 00단지 아파트 건설공사
대지위치			서울시 강동구 고덕, 강일동 일원
지역, 지구, 구역			서울특별시 고덕강일 공공주택2지구 내 00단지 / 제2종일반주거지역
용도			공동주택 / 부대복리시설 / 근린생활시설
대지면적			45,390.00 ㎡
건축면적			10,118.21 ㎡
연면적		지상층연면적	92,785.90 ㎡
		지하층연면적	43,117.74 ㎡
		합계	135,903.64 ㎡
건폐율			22.29 % (법정 : 30%이하)
용적률산정연면적			91,410.70 ㎡
용적률			201.39 % (법정 : 200%이하)
주차대수	주거시설	법정주차	1,162 대 (85㎡ 이하 75㎡당 1대)
		교통영향분석개선대책	1,162 대
		계획주차	1,162 대
	근생	법정주차	4 대 (134㎡당 1대)
		계획주차	10 대
	합 계		1,172 대 (지상주차 : 11 대)
조경면적		법정	6,808.50㎡ 이상 (15% 이상)
		계획	14,093.59㎡ (31.05%)
규모			지하2층, 지상8-25층 (평균층수 17.29층<18층 이하)
구조			철근 콘크리트 구조
난방설비			지역난방

건설규모 (세대수)

구 분		29 ㎡	39 ㎡	49 ㎡	59 ㎡	74 ㎡	84 ㎡	소 계	비 고
분양	임대	166세대	230세대	345세대	455세대	20세대	23세대	1239세대	

[별첨5-28] 실행내역서

실행내역서

문서번호		결재	담당	팀장	부장	전무	대표이사
보존년한							
기안일자			/	/	/	/	/
기안부서			위임전결실행기준 에 의거				
기 안 자			직책 : 성명 : 전결				
최종결재자 지시							
합 의							
제 목	자재구매						

자재구매를 위한 필수 품목을 아래와 같이 품의하오니 재가 바랍니다.

\- 아 래 -

1. 품목 :

2. 반입일정 :
   가.
   나.

3. 수량:

4 비용:

[별첨5-29] 노임실행 내역서

노임실행 내역서

작업 인건비

구종	일당	2021						2022										소계	금액	비고
		8	9	10	11	12	1	2	3	4	5	6	7	8	9	10	11			
																		0	-	
																		0	-	
																		0	-	
																		0	-	
																		0	-	
																		0	-	
																		0	-	
																		0	-	
																		0	-	
소계			0	0	0	0	0	0	0	0	0	0	0	0	0	0	0	0	-	
																		0		
																		0	0	
																		0	0	
소계			0	0	0	0	0	0	0	0	0	0	0	0	0	0	0	0	-	
소계			0	0	0	0	0	0	0	0	0	0	0	0	0	0	0		-	

[별첨5-30] 외주실행 내역서

외주실행 내역서

NO.	공종	규격	단위	수량		산출기준	단가	금액	비고
				계약	작용				
1									
2									
3									
4									
5									
6									
7									
8									
9									
10									
11									
12									
13									
14									
15									
16									
17									
18									
소계								-	

[별첨5-31] 경비실행 내역서

경비실행 내역서

경비

구분	항목	내역	단가	2021						2022										소계	금액	비고
				8	9	10	11	12	1	2	3	4	5	6	7	8	9	10	11			
복리후생비																						
	소계																				0	
차량유지비																						
	소계																				0	
사무경비																						
	소계																				0	
현장경비																						
	소계																				0	
장비임대료																						
	소계																				0	
기타																						
	소계																				0	
	합계																				0	

7. 자재 승인

(1) 첨부서류

① 공문(자재공문승인"000"제출건)

② 자재구입 승인 신청서

③ 품질판정내역서(요구시 : 기준에 대한 평가기준표기)

④ 사업자등록증

⑤ 국세, 지방세 완납증명(1개월 이내 발행분 만 적용)

⑥ 시험성적서(최근2개년간 : 국가기관시험성적서, KS품 또는 Kc인증 제품 자체)

⑦ 납품실적서

⑧ 시험성과 대비표(KS 상세 평가기준)

⑨ 품질보증각서

⑩ 카다로그

※ 대부분의 회사에서 발행하는 지명원/카다로그에 위의 자료가 있습니다.
없는 항목에 대해서는 별도로 첨부하여 제출합니다.

(2) 자재관리 요령

① 합격품 : 품명, 규격별 별도관리

② 불합격품 : 별도의 장소 보관 및 즉시 반출

③ 자재 반출입 대장 관리

[별첨5-32] 자재구입승인 신청서

자재구입승인 신청서

제 호

공 사 명		설계 내용	
공 종			
품 명			
규 격		관련시방서	
제조 업체		관 련 도 면	
사용처,용도		기타첨부사항	

상기와 같이 자재를 사용코자 하오니 승인하여 주시기 바랍니다.

20 년 월 일

현장대리인 (인)

검토의견	승인		조건부승인		승인불가		
검토사항 (조건 및 불가사유)							
검토일자	년 월 일		감독관		(인)		

상기조건에 대하여 수락하고 조치하겠습니다.

20 년 월 일

현장대리인 (인)

[별첨5-33] 품질판정내역서

품 질 판 정 내 역 서

공사명:

품 명	규 격	품질판정			판 정		비 고
		항 고	평 가 기 준	시험성과	적	부	

[별첨5-34] 시험성과 대비표

시험성과 대비표

시료명 : 강제전선관(KS C 8401)

시험항목		기준	결 과	판정	비고
강제전선관	굽힘성	바깥지름의 ±20%범위내	20%이내	적합	
		아연도금면 및 도막에 잔금 및 벗겨짐현상이 없어야 한다	없 음		
	내식성	표면에 백색의 부식 생성물이 생기지 않아야 한다.	생성되지 않음		
		표면에 부품, 벗겨짐, 녹등이 생기지 않아야 한다.	생성되지 않음		
	도막성능	도막의 판손 또는 흠이 생기지 않아야 한다.	없음		
	치수(mm)	바깥지름의 허용차는 ±3mm이내 이어야 한다.	통과		
		바깥지름이 28C:33.3mm, 36C:41.9mm, 42C:47.8mm, 54C:59.6mm, 70C:75.2mm 이어야 한다.	8C:33.3mm, 36C:41.9mm, 42C:47.8mm, 54C:59.6mm, 70C:75.2mm		
		두께는 28~42C는 2.5mm, 54~82C는 2.8mm이어야 한다.	28~42C : 2.5mm 54~82C : 2.8mm		
	겉 모 양	관은 실용적이고 그 양끝은 관측에 대하여 직각으로 절단되어 모따기가 되어 있어야 한다.	이상없음		
		관의 내외연은 매끄럽고 마무리가 내면에는 해로운 돌기가 없어야 한다.	이상없음		

[별첨5-35] 품질보증각서

품 질 보 증 각 서

○ 제 품 명 :

○ 생 산 자 :

○ 납 품 자 :

본 업체는 (공사)현장에 상기제품을 생산, 납품함에 있어 ( )사에서 제시하는 품질기준에 맞는 제품의 생산, 납품은 물론 상기 목적물의 하자기간 동안 기 제품의 품질에 대해 보증하며 만약, 제품 납품 후 품질 부적정 제품 발견시나 시공기간 중 또는 상기 제품이 사용된 목적물의 하자 보증기간 동안 상기 제품의 품질이상으로 히지가 발생될 경우 하자보수는 물론 이띠힌 제재조치도 감수할 것을 서약합니다.

20 . . .

작성자: 대표: (인)

[별첨5-36] 자재 반출입 대장

자재 (반,출)입 대장

결제	담 당	대리인	소 장

일 시 : 20 년 월 일 PM 0 0 : 0 0 날씨 (맑음)

F	현 장 명		
R	소 속	주식회사	(인)
O	연 락 처	현장 :	FAX :
M	발 출 입 장 소		
	현 장 명	회사	(인)
T	소 속		
O	연 락 처		
	차 량 번 호		

품명	규격	단위	수량	구분	비고

8. 자재 검수 및 검측

(1) 검측요령

① 자재 하차 전 사진촬영 (차량번호, 제품 포함해서 촬영)

② 자재 수량 확인(구매의뢰서와 거래명세서 대조)

③ 자재 검수 모습 촬영(KS합격기준에 의거 검수)

- 겉모양, 외관, 내경, 외경, KS인증여부, 시험성적서외

④ 자재검측서 기록 및 관리

- 자재검수관리대장 작성 (차량도착, 하자, 적재, 자재확인 위에 있음)
- 거래명세서 첨부
- 사진대장 첨부

⑤ 자재수불부 별도 정리하여 관리

- 현장에 투입되는 주요 자재만 정리하여 기록(계약/청구/입고/미입고/잔여(계약-입고)/비고)

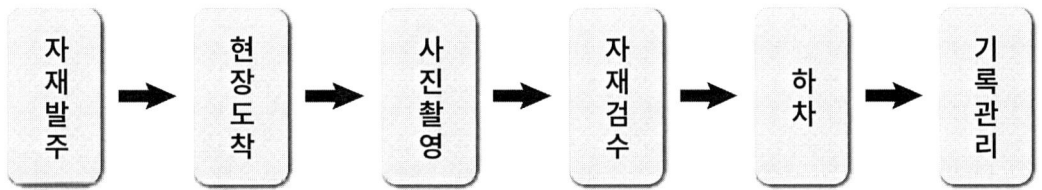

(2) 흐름도

자재발주 → 현장도착 → 사진촬영 → 자재검수 → 하차 → 기록관리

[별첨5-37] 자재 검수 요청서

자 재 검 수 요 청 서

문서번호 : GS - 200911 - SQ - E - 전기 - 021 2021. 10. 18

수 신 : 위례자이더시티 신축공사 총괄 감리원

다음과 같은 자재에 대하여 검수를 요청하오니 검사후 승인하여 주시기 바랍니다.

공 종	전 기			업 체
자재사항	품명	규격	반입수량	
	스위치박스	1방,2방	200EA	㈜탐진
	사각박스	2방~4방	230EA	㈜탐진
	8각박스	1방~2방	300EA	㈜탐진
	풀박스	150•150•100 150•150•150	10EA,10EA	㈜탐진
현장반입일	2021-10-18		검수요청일	2021-10-18
검수사항	규격, 외형, 수량검사			

붙 임 : 송장사본 1부, 사진대지 1부. 끝.

담 당 자 : 홍길동

현 장 대 리 인 : 아무개 (인)

자 재 검 수 결 과 통 보

문서번호 : 위례 - 전기 - 자검 - 21 2021. 10. 18.

수 신 : 위례자이더시티 신축공사 현장대리인

문서번호 GS - 200911 - SQ - E - 전기 - 021에 대한 검수요청한 건에 대하여 2021. . .

검수한 결과를 다음과 같이 통보합니다.

1. 검수결과 : 적합

전기건설사업관리기술자 홍길순 (인)

책임건설사업관리기술자 김이박 (인)

[별첨5-38] 거래명세서

거 래 명 세 서

거래명세서

하나전기-위례자이더시티 貴中
경기도 성남시 수정구 창곡동 512 위례신도시 A2-6블럭
☎ 나병한공무님 / 010-2864-5200
☎ 이선형소장님 / 010-9891-5524

공급자	TEL	031-3.. 8971	FAX	031-350-8974
	사업자등록번호	124-86-22075	성명	김□수
	상호	(주)담진		
	주소	경기도 화성시 장안면 석포리 718-94 주식회사 담진		

금 액 : 원 정 (W)

일자	품목명[규격]	수량	단위	단가	공급가액	적요
10/15	8각 1방	100	EA			
10/15	8각 2방(ㄱ)	100	EA			
10/15	8각 2방(—)	100	EA			
10/15	4각 4방	30	EA			
10/15	풀박스[150*150*100]	10	EA			
10/15	풀박스[150*150*150]	10	EA			
10/15	S)스위치박스 1방	100	EA			
10/15	S)스위치박스 2방	100	EA			
10/15	S)사각박스 2방	100	EA			
10/15	S)사각박스 4방 [상1/하3]	100	EA			

수량	750	공급가액		VAT		합계		인수	[illegible]

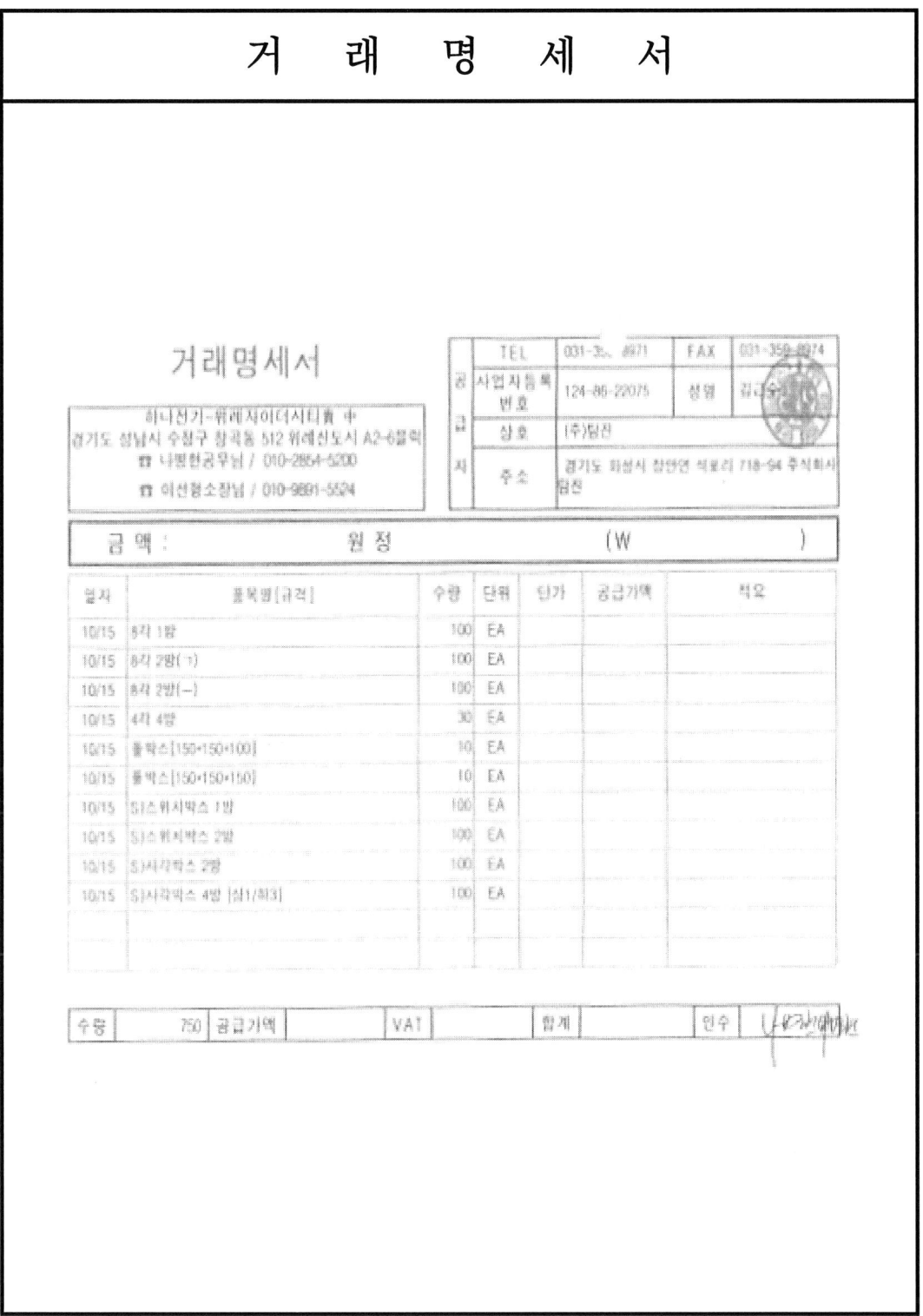

[별첨5-39] 자재 검수 사진

사 진 대 장

현 장 명	위례 A2-6BL 민간참여 공공주택 건설	공 사 명	전기공사
내 용	PVC BOX		

현 장 명	위례 A2-6BL 민간참여 공공주택 건설	공 사 명	전기공사
작업 내용	PVC BOX		

사 진 대 장

현 장 명	위례 A2-6BL 민간참여 공공주택 건설	공 사 명	전기공사
내 용	PVC BOX		

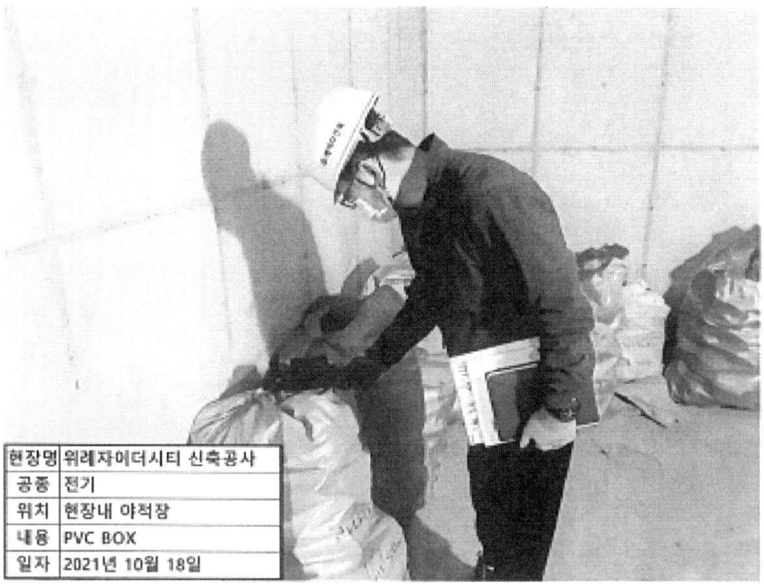

현 장 명	위례 A2-6BL 민간참여 공공주택 건설	공 사 명	전기공사
작업 내용	PVC BOX		

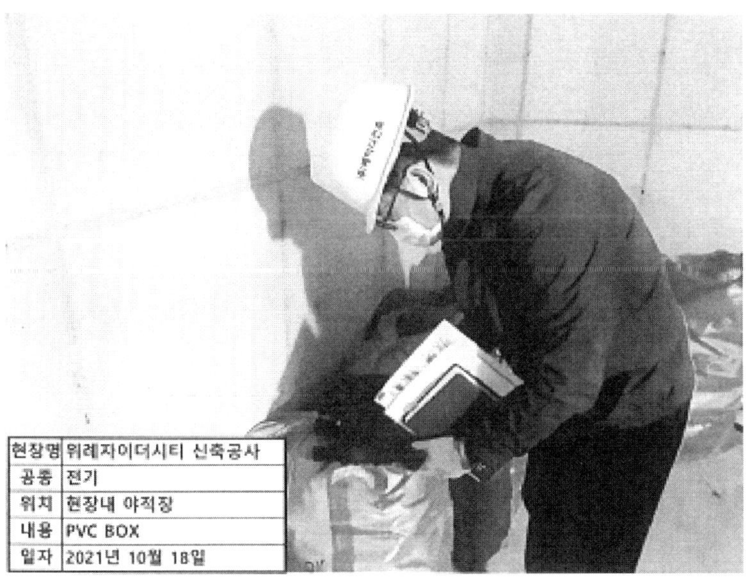

[별첨5-40] 자재수불부 기록대장

자 재 검 수 기 록 대 장

공사명 : 0000000 신축공사 전기공사 대한민국전기 주식회사

품 명 : 합성수지제가요선관 규 격 : 난연 CD-16C 단 위 : 포 계 약 량 : 9,758

년 월 일	반입수량	합격수량	불합격수량	반입자인	검수자인	비고
22.01.04	2,000	2,000	-	현장대리인기재	감독관 기재	
22.01.10	2,800	2,800	-	현장대리인기재	감독관 기재	
22.01.20	1,600	1,600	-	현장대리인기재	감독관 기재	

[별첨5-41] 자재검수관리대장

자재검수관리대장-00

공 사 명 : 남양주다산진건A5BL 민간참여공공주택사업 자재명 : 아파트/ 부속시설

문서번호	일 자	자 재 명	규 격	단위	반 입 수 량	합 격 수 량	불합격 수 량	공급처	검수자
다산진건A5-자검(전기)-135호	2023.07.19	수평도체 (STS환봉 등)	SUS	M	320	320	0	㈜고려전기상사	최대규
다산진건A5-자검(전기)-136호	2023.07.20	옥외보안등/ 볼라드등/ 수목투사등	LED 75W/ LED 10W/ LED 15W	EA	46/ 36/ 19	46/ 36/ 19	0	㈜에스앤라이팅	최대규
다산진건A5-자검(전기)-137호	2023.08.07	경관조명 (간접등/ 투사등)	LED 15W/ LED 24W	EA	56/ 24	56/ 24	0	㈜라이템	최대규

[별첨5-42] 자재검수대장 List

자재 검수 대장 List

순번		자 재 명	비고
1		접지 및 피뢰 자재류	
2		전선관류 및 부속품(난연CD전선관)	
3		PVC 박스류	
4		관로구 방수구/ELP 전선관	
5		HI-VE 전선관	
6		분전반/판넬	
7		세대분전반/계량기함	
8		전선 및 케이블류	
9		케이블 트레이 & 덕트	
10		금속제 전선관류 및 부속품, 금속제 박스	
11		배선기구/스마트스위치	
12		몰드바/조명기구	
13		시스템 박스	
14		강제전선관 및 부속품	
15		관리자재(발전기, 엘리베이터, 수배전반/MCC, 변압기)	
16		태양광설비	
17		BUS DUCT	
18		방화재	
19		보안등	
20		전기차 충전설비	
21			
22			

[별첨5-43] 주요자재검사 및 수불내용

주 요 자 재 검 사 및 수 불 내 용

주 요 자 재 검 사 및 수 불 부

[별첨5-44] 전기 주요자재검사 및 수불내용

전기 주요자재 검사 및 수불부

1. 공사명 : 다산진건 A5BL 공공주택 건설공사
2. 품　명 : CD 파이프
3. 규　격 : 16c　　　　　　　　　　　　　　　　　　4. 제조사 : 한양프라스틱(주)

설계수량	단위	반입 일자	반입 수량	합격량	불합격		사용 수량	남은 설계 수량	검수자		비고
				금 회 누 계	불합격수량	사유	사용 일자 사용 수량		전기시공 책임자	전기 감리원	
2000000	M	2022. 04.10	200000	20000 20000	0			180000			
	M	2022. 04.15	20000	20000 40000	0		22.04.10 20000	160000			

1. 검수자는 시공관리 책임자와 전기감리원의 확인이 들어가야 합니다.
2. 불합격수량이 없는 경우는 0의 표기를 해야 합니다.

9. 시공 검측

(1) 검측요령

① 검측요청서 작성 : 위치 및 공종 / 검측 부위 기재

② 검측 체크리스트 작성

- 공종에 맞는 검측 체크리스트 기재, 시공검측 부위 시공도면
- 체크리스트 검사자는 시공사, 감독자(감리자) 기재

③ 공사 참여자(기능공 포함) 실명부 작성

- 현장대리인, 참여 근로자 기입 및 서명

④ 시공검측 사진대지 작성

- 사진대지 작성하여 기재
- 공종 / 장소 / 내용 / 일자 기재

⑤ 검측 3일전 감독부서에 제출

⑥ 검측 후 다음 공사 진행

⑦ 검측한 부분에 대해서만 기성청구 가능

(2) 흐름도

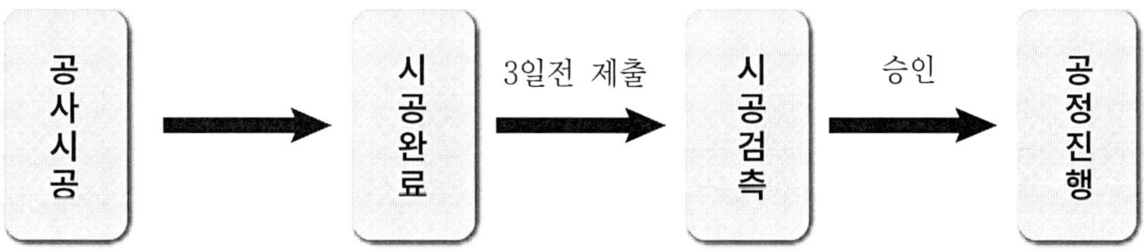

[별첨5-45] 검측요청서

다산진건 A-5블록 공공주택 건설(전기)공사

검 측 요 청 서(A5BL)

2022년 02 월 25 일

번 호: 진건A5-검(전기)-제22-057호

받 음 : 다산진건 A-5블록 공공주택 건설(전기)공사 책임건설사업관리기술인

다음과 같은 세부공종에 대하여 검사요청 하오니 검사 후 승인하여 주시기 바랍니다.

위치 및 공종	503동 5층벽체 및 천정, 6층 바닥 매입배관
검 측 부 위	503동 5층벽체 및 천정, 6층 바닥
검측요구일시	2022년 02 월 25 일
검 측 사 항	매입박스류 및 배관공사
비 고	시공사 검측결과 적합함

붙임 : 시공자의 검사 체크리스트, 공사참여자(기능공 포함)실명부,사진대지,시공도면

전기 시공관리책임자 : 홍길동 (인)

현 장 대 리 인 : 아무개 (인)

검 사 결 과 통 보

번 호: 다산진건A5-검측-503동-09호 2022년 02월 25일

받 음 : 다산진건 A-5블록 공공주택 건설(전기)공사 시공관리책임자

문서번호 진건A5-검(전기)-제22-057호로 검사요청 한 건에 대하여 2022년 02 월 25 일 검사한 결과를 다음과 같이 통보 합니다.

검측자	전기감리원	검측일시	2022년 02 월 25 일
검측결과	적합		

검측위치 : 503동 5층벽체 및 천정, 6층 바닥

주) 재검측시에는 붉은 글씨로 (재)를 우측상단에 작성함
시공자가 재검측 요청을 할 때에는 잘못 시공한 기능공의 서명을 받아 그 명단을 첨부함.
2부 작성하여 시공사, 감리원 각 1부 보관

전기 담당건설사업관리기술인 홍길순 (인)

전기 책임건설사업관리기술인 김이박 (인)

책임건설사업관리기술인 갑을병 (인)

[별첨5-46] 검측 체크리스트

검 사 체 크 리 스 트

공 종	전 기	검 측 일 자	2022 년 02 월 25 일
세 부 공 종	박스 및 배관공사 (콘크리트 매입배관)	위치 및 부위	503동 5층벽체 및 천정, 6층바닥
		공 사 량	

검사항목	검사기준 (도면,시방,법규정)	검사결과				조치사항
		시공자		감리자		
		합격	불합격	합격	불합격	
1. 매입배관의 적정	도면기준	O		O		
2. 박스, 함의 수직 · 수평 설치위치 및 배관 인출위치 적정	도면기준	O		O		
3. 상 · 하부 철근사이 배관고정	육안검사	O		O		
4. 밀집배관부위 배관과 배관사이 이격거리 유지	3개이상 배관겹침 금지	O		O		
5. 굴곡반경 및 1구간 굴곡개소 준수	육안검사	O		O		
6. 자재의 재질 및 규격적정	관,박스,함,부속류	O		O		
7. 박스 및 함의 도장 상태	육안검사	O		O		
8. 연결부위 접속상태	육안검사	O		O		
9. 오물 침입방지 처리상태	육안검사	O		O		
10. 보강철물 조립 및 거푸집면 고정상태	육안검사	O		O		
11. 분틀 및 벽면 모서리 부위 이격거리 유지	도면기준	O		O		
12. 입상, 입하배관의 위치 및 규격적정	도면기준	O		O		
13. 함류의 휨방지 보강목 시공	육안검사	O		O		
14. 각종 인입스리브 및 개구부의 크기, 위치 확인	도면기준	O		O		
15. 누락된 배관 및 BOX 유무	도면기준	O		O		
16. 배관의 단면변형 및 파손 유무	육안검사	O		O		
17. 외벽에 면한 매립 BOX의 결로방지 조치 유무 (단위세대)	도면기준	O		O		

시공사 점검일자	2022년 02 월 25 일	시공관리책임자	홍 길 동 (인)
감리원 점검일자	2022년 02 월 25 일	담당 감리원	김 이 박 (인)
		담당 감리원	아 무 개 (인)

[별첨5-47] 공사참여(기능공포함) 실명부

공사 참여자(기능공 포함) 실명부

공 사 명 : 다산진건 A-5블록 공공주택 건설(전기)공사

작업일	작업위치 및 공종	소속	직위	성명	생년월일	공사한 내용	서명
2022년 02 월 25 일	503동 5층벽체 및 천정, 6층 바닥	승아전기	전공	홍길동	700108	매입박스류 및 배관공사	[illegible]
2022년 02 월 25 일	503동 5층벽체 및 천정, 6층 바닥	승아전기	전공	김이박	640513	매입박스류 및 배관공사	[illegible]
2022년 02 월 25 일	503동 5층벽체 및 천정, 6층 바닥	승아전기	전공	아무개	660110	매입박스류 및 배관공사	영
2022년 02 월 25 일	503동 5층벽체 및 천정, 6층 바닥	승아전기	전공	갑을병	700310	매입박스류 및 배관공사	윤 식

[별첨5-48] 사진대지

사 진 대 지

공사명: 남양주 다산진건 A-5BL 공공주택 中 전기공사　　　　2022년 02 월 25 일

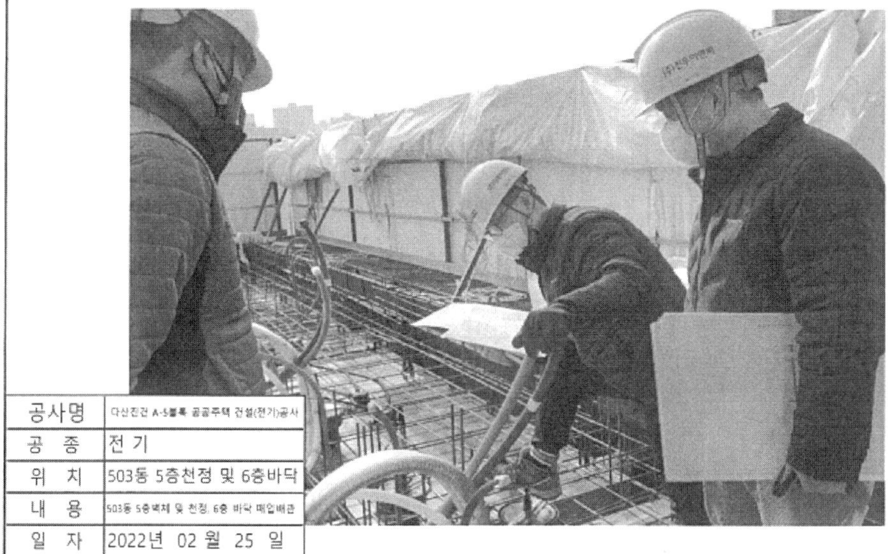

내 용	503동 5층벽체 및 천정, 6층 바닥 매입배관		
위치	503동 5층천정 및 6층바닥	일 자	2022년 02 월 25 일

내 용	503동 5층벽체 및 천정, 6층 바닥 매입배관		
위치	503동 5층천정 및 6층바닥	일 자	2022년 02 월 25 일

[별첨5-49] 시공위치도면

503동 3-28층 전기설비 평면도

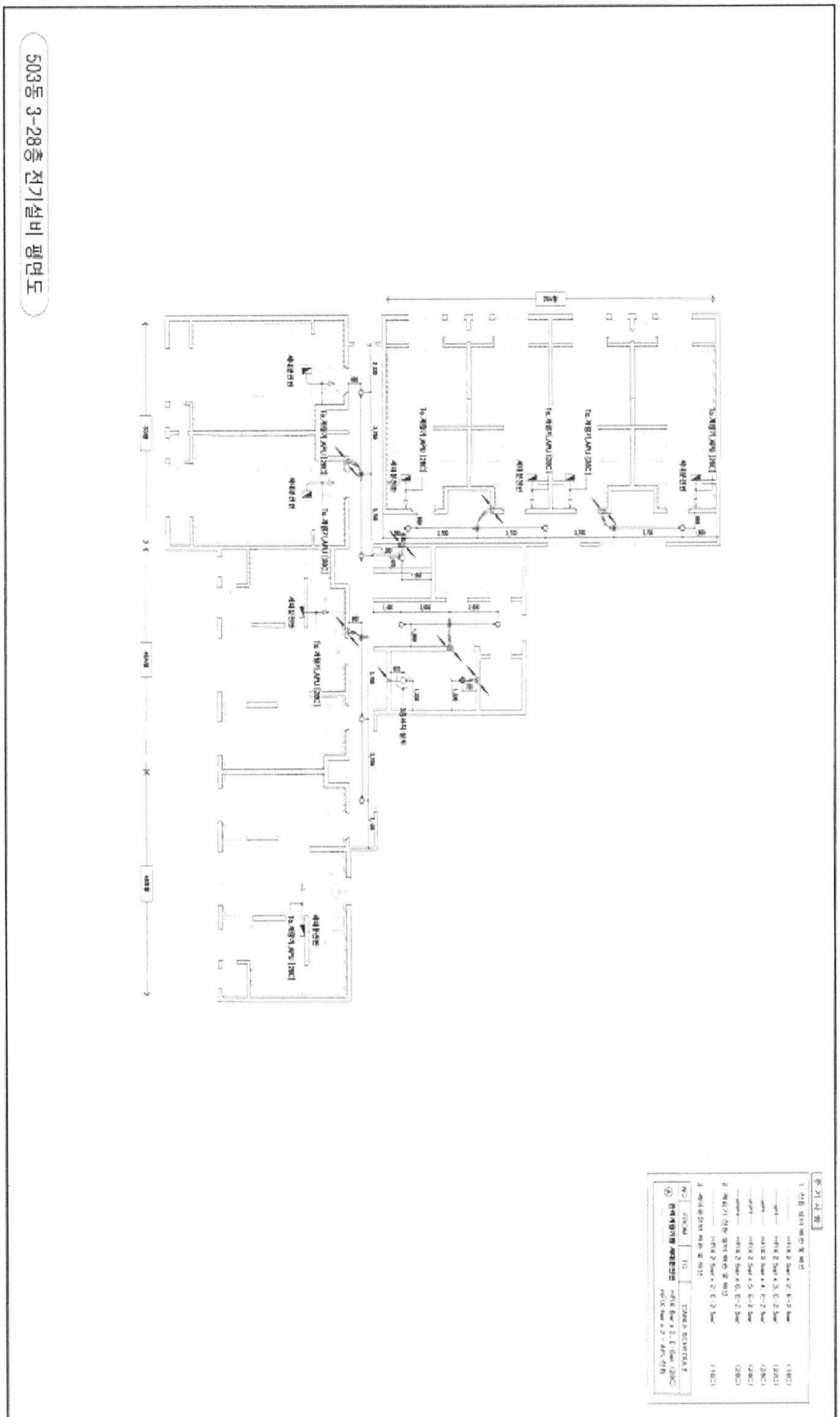

[별첨5-50] 시공상세도면

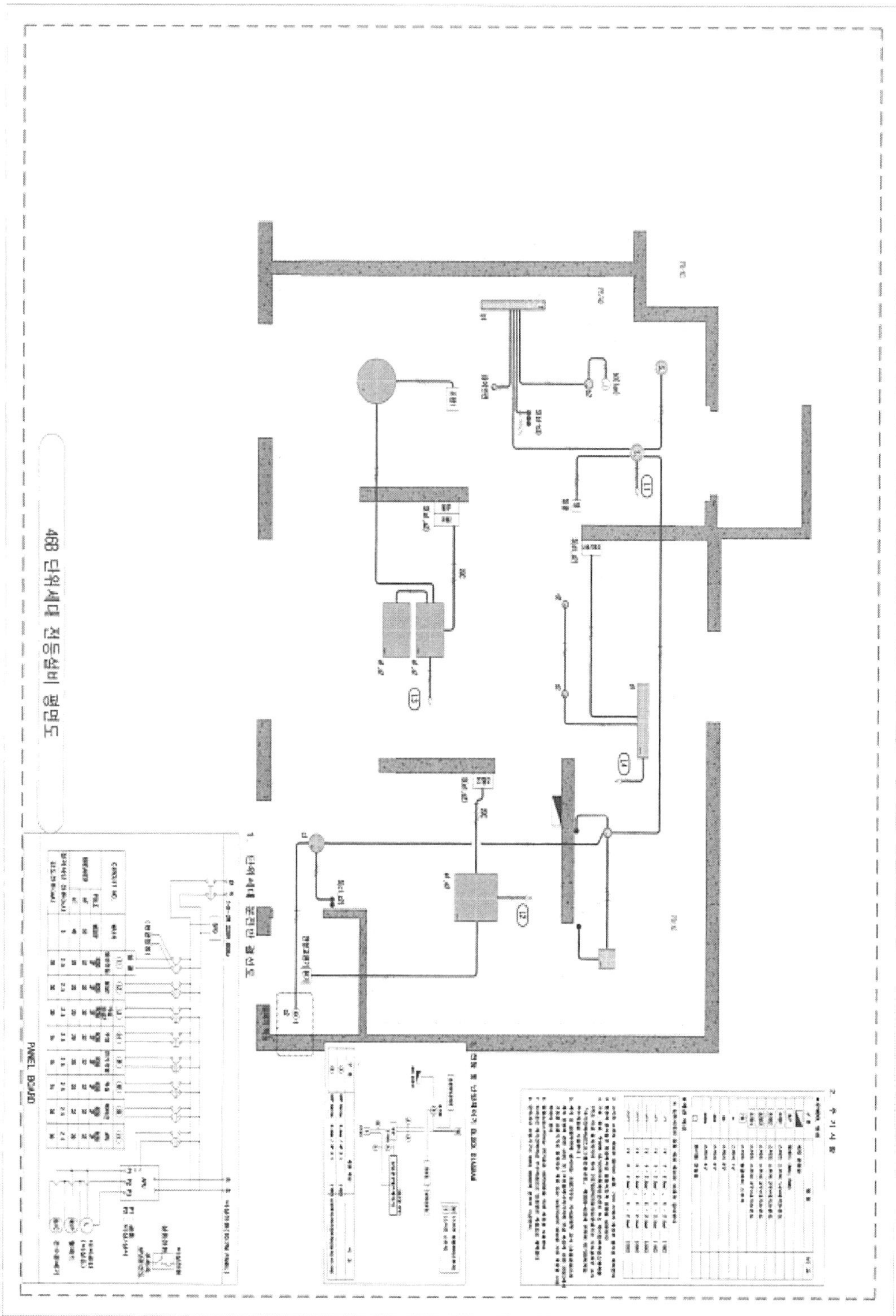

10. 기성신청(관급공사)

(1) 첨부서류

① 기성내역서(도급/전회/금회/누계/잔여)

② 기성산출수량(수량산출서, 노임산출서)

③ 기성사진첩 (전,후 : 동일장소에서 촬영) : 시공검측요청시 촬영한 사진 활용

④ 기성도면(기성부분 : 적색으로 표기)

⑤ 안전관리비 사용내역서

⑥ 4대보험 정산서류(기성 청구시)

- 국민건강/장기요양/국민연금 월별납부확인서
- 산재, 고용보험 가입/완납증명서
- 국민건강/국민연금 완납증명서

⑦ 퇴직공제부금 정산서류 (기성청구시)

⑧ 지방세/국세 납부증명서

⑨ 기성완료된 부분에 대해서 파손 및 분실 발생시 책임은 시공사에 없음

⑩ 기성완료된 부분에 대해서 추후 E.S,C 불가

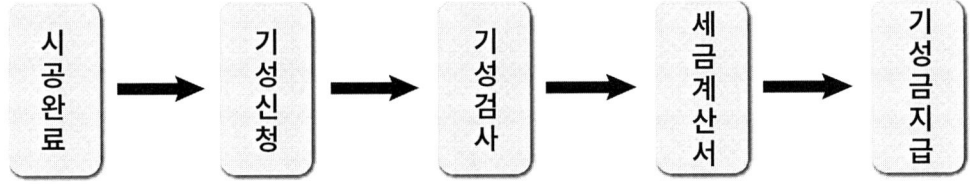

⑪ 신청시기 : 매월 25일 제출

(2) 흐름도

시공완료 → 기성신청 → 기성검사 → 세금계산서 → 기성금지급

[별첨5-51] 기성부분 검사원

제(　　　)회 기성부분 검사원

1. 공　사　명 :

2. 공 사 기 간 : 20　년　월　일 ~ 20　년　월　일

3. 계 약 금 액 : 일금영원정　　　　　(₩　　　0)

4. 전회까지기성 : 일금영원정　　　　(₩　　　0)

5. 금회청구기성 : 일금영원정　　　　(₩　　　0)

6. 기 성 누 계 : 일금영원정　　　　(₩　　　0)

7. 잔　　　액 : 일금영원정　　　　(₩　　　0)

8. 기　성　율 :　　　　%

9. 기성 기준일 : 20　년　월　일

상기공사에 대한 기성부분 검사를 신청합니다.

첨　부 : 1. 기성고 내역서　　　　1부
2. 기성부분 안전관리비　　1부
3. 기성부분 사진대장　　　1부
4. 기성부분 산출수량　　　1부
5. 기성부분 산출도면　　　1부.　끝.

20　년　월　일

수　　소 :
상　　호 :
대 표 자 :　　　　　　(인)

____________貴中

[별첨5-52] 기성내역서

제3회 기성부분 내역서

1.공 사 명 : 고덕강일공공주택지구 13단지 아파트 전기공사

2.계 약 금 액 : 일금구십육억이천삼십칠만칠천이백이원정 (₩ 9,620,377,202)

3.기 성 금 액 : 일금이십억원정 (₩ 2,000,000,000)

4.내 역 :

2021년 5월 03일 현재

구 분		도급내역		전회기성		금회기성		누계기성		미기성		비고
		금액	비율	금액	비율	금액	비율	금액	비율	금액	비율	
도급비	계	9,620,377,202	100.00%	1,880,000,000	19.54%	2,000,000,000	20.79%	3,880,000,000	40.33%	5,740,377,202	59.67%	
	전기	7,783,193,962	80.90%	1,408,597,180	14.64%	1,599,495,854	16.63%	3,008,093,034	31.27%	4,775,100,928	49.63%	
	소방전기	1,837,183,240	19.10%	471,402,820	4.90%	400,504,146	4.16%	871,906,966	9.06%	965,276,274	10.04%	

공 사 개 요

- 국민임대 – 29㎡, 39㎡, 49㎡ 타입 336세대
- 장기전세 – 59㎡ 타입 339세대

제3회 기성금 신청내역서

1. 공 사 명 : 고덕강일공공주택지구 13단지 아파트 전기공사
2. 계 약 금 액 : 일금구십육억이천삼십칠만칠천이백이원정 (₩ 9,620,377,202)
3. 기 성 신 청 금 액 : 일금이십억원정 (₩ 2,000,000,000)
4. 정 산 내 역 :

(단위:원)

구 분			합계			전기+소방(기용전기(주)) 51%			전기+소방(상환기업(주)) 49%			비고
			합 계	분 양	임 대	소 계	분 양	임 대	소 계	분 양	임 대	
정 산 지 급 액	기성공사액		2,000,000,000		2,000,000,000	1,020,000,000		1,020,000,000	980,000,000		980,000,000	
	선급정산액											
	유 보 금											
	지 출 액											
지 출 액 지 급 내 역	계		2,000,000,000		2,000,000,000	1,020,000,000		1,020,000,000	980,000,000		980,000,000	
	아파트 (85㎡초과)	소 계										
		원 가										
		부 가 세										
	아파트 (85㎡이하)	소 계	2,000,000,000		2,000,000,000	1,020,000,000		1,020,000,000	980,000,000		980,000,000	
		원 가	1,979,408,171		1,979,408,171	1,009,498,168		1,009,498,168	969,9 0,003		969,910,003	
		매 입 세	20,591,829		20,591,829	10,501,832		10,501,832	10,089,997		10,089,997	
	근린시설	소 계										
		원 가										
		부가세										

5. 지 급 대 상 :

(단위:원)

구분	세금계산서			계산서	합 계	비고
	공급가액	세 액	계			
기용전기㈜				1,020,000,000	1,020,000,000	

구분	세금계산서			계산서	합 계	비고
	공급가액	세 액	계			
상환기업㈜				980,000,000	980,000,000	

수급자 : 주 소 :
상 호 :
대표이사 :

수급자 : 주 소 :
상 호 :
대표이사 :

제3회 기성부분 공정확인서

■ 공 사 명 : 고덕강일공공주택지구 13단지 아파트 전기공사

■ 기 준 일 : 2021년 05월 03일

■ 공 정 현 황 :

구 분	도급공사비 (단위 : 원)	공정보할 (%)	총공사실시공정 (예정 / 실시)			기 성 공 정 (%)			잔여기성 (%)
						전회	금회	누계	
계	9,620,377,202	100.00%	53.20%	/	52.13%	19.54%	20.79%	40.33%	59.67%
전 기	7,783,193,962	80.90%	41.24%	/	40.41%	14.64%	16.63%	31.27%	49.63%
소 방 전 기	1,837,183,240	19.10%	11.96%	/	11.72%	4.90%	4.16%	9.06%	10.04%

위 상기 공정을 확인합니다.

2021년 05월 03일

작 성 자 :

작 성 자 :

확 인 자 :

확 인 자 :

[별첨5-53] 기성산출수량

기 성 (1회) 산 출 수 량

공 사 명 : 0000 신축공사중 전기공사

20 . . .

대 한 민 국 전 기 ㈜

[별첨5-54] 기성도면

기 성 (1회) 도 면

공 사 명 : 0000 신축공사중 전기공사

20 . . .

대 한 민 국 전 기 ㈜

[별첨5-55] 안전관리비 사용 내역서

산업안전보건관리비 사용내역서(2019년 10월)

업 체 명		공 사 명	고덕강일공공주택지구 13단지 아파트 전기공사
소 재 지		대 표 자	
공 사 금 액	₩8,581,360,202	공 사 기 간	2019. 09. 17 ~ 2021. 10. 10.
발 주 자	서울주택도시공사	누계공정율	0.00%
계 상 된 안전관리비	₩ 163,761,484		

항 목	계획금액		당월사용금액		누계금액	
	금 액	비 율	금 액	비 율	누계금액	비 율
계	164,250,000	100.30%	3,578,120	2.18%	3,578,120	2.18%
1. 안전관리자 등 인건비 및 각종 업무수당등	-	0.00%	-	0.00%	-	0.00%
2. 안전시설비등	31,000,000	18.93%	569,400	0.35%	569,400	0.35%
3. 개인보호구 및 안전 장구 구입비 등	110,220,000	67.31%	1,521,520	0.93%	1,521,520	0.93%
4. 안전진단비 등	-	0.00%	-	0.00%	-	0.00%
5. 안전보건교육비 및 행사비 등	10,500,000	6.41%	-	0.00%	-	0.00%
6. 근로자 건강관리비 등	7,096,000	4.33%	1,487,200	0.91%	1,487,200	0.91%
7. 건설재해예방 기술 지도비	5,434,000	3.32%	-	0.00%	-	0.00%
8. 본사 사용비	-	0.00%	-	0.00%	-	0.00%

「건설업 산업안전보건관리비 계상 및 사용기준」 제10조 제1항의 규정에 의하여 위와 같이 사용내역서를 작성하였습니다.

2019 년 10 월 31 일

작성자 직책 : 현 장 대 리 인 성 명 :

[별첨5-56] 기성사진첩

공사명 : 0000신축공사중 전기공사

기 성 사 진 첩

20 . . .

대 한 민 국 전 기 ㈜

사 진 대 지

공 사 명	0000신축공사중 전기공사

위 치		공 종	

위 치		공 종	

[별첨5-57] 국민건강/장기요양/연금 납부확인서

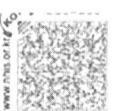

발급번호 : 11-　　　　　　　　　　　　　　　　　　　　1/1

사업장 보험료 납부확인서

보험 구분	건강보험(건강+요양)		
사업자 명칭			
통합납부자번호 (사업장관리번호)	57110792375 (92023729941)	사업자등록번호	
회계 및 단위사업장명		개시사업장번호	

2020년 01월 ~ 2020년 12월 보험료 납부내역　　(단위: 원)

구분	고지금액		납부금액	
	건강보험료	장기요양보험료	건강보험료	장기요양보험료
1월	0	0	0	0
2월	0	0	0	0
3월	0	0	0	0
4월	0	0	0	0
5월	0	0	0	0
6월	0	0	0	0
7월	0	0	0	0
8월	4,055,280	415,520	4,055,280	415,520
9월	5,476,000	561,160	5,476,000	561,160
10월	1,413,340	144,760	1,413,340	144,760
11월	4,408,800	451,780	4,408,800	451,780
12월	3,262,880	334,320	3,262,880	334,320
합계	18,616,300	1,907,540	18,616,300	1,907,540
납부 총액		20,523,840	용도	납부확인용

위와 같이 보험료를 납부하였음을 확인합니다.

2022년 03월 03일

국민건강보험공단 이사장 (국민건강보험공단이사장인)

※ 「국민건강보험법」 제14조, 「국민연금법」 제88조, 「고용보험 및 산업재해보상보험의 보험료징수 등에 관한 법률」 제4조 규정에 의하여 이 확인서를 국민건강보험공단에서 발급 합니다.
※ 이 확인서는 상기 사용용도 외 다른 용도로 사용할 수 없으며, 다른 용도(재직 경력증명, 금융기관 제출 등)로 사용되어 발생한 문제에 대한 법적인 책임은 공단에 있지 않음을 알려드립니다.
※ 이 확인서는 공단 홈페이지(www.nhis.or.kr) 및 건강보험 납부확인용 및 종합소득세신고용은 정부24(www.gov.kr)에서 직접 출력하실 수 있으며(공인인증서 필요), '증명서발급사실확인' 메뉴 또는 문서 하단의 바코드로 발급사실을 확인할 수 있습니다.(발급일로부터 90일까지) 단, 정부24에서 발급 받은 경우는 정부24에서만 확인이 가능합니다.
※ 국민연금 납부확인용 및 연말정산용인 경우 근로자기여금, 사용자부담금, 퇴직금전환금은 연체금이 제외된 금액입니다.
※ 건강보험 종합소득세신고용과 국민연금 필요경비공제용인 경우 납부금액은 납부하신 연체금과 신용카드 수수료가 포함되어 있습니다.
※ 고용/산재보험 고지 및 납부금액은 보험료, 가산금, 급여징수금, 국고지원금을 합한 금액입니다.
※ 위 내용은 발급일 현재 기준이며, 당일 보험료 정산, 자격변동신고, 납부취소 등의 사유로 변경될 수 있습니다.

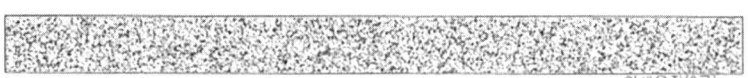

인쇄용지(2급)

[별첨5-58] 국민건강・연금 보험료 완납증명서

www.nhis.or.kr KOR 국민건강보험공단

발급번호 : 51-

1/1

사업장 4대 사회보험 완납증명서

보험구분	[V] 건강 [V] 연금 [ ] 고용 [ ] 산재		
통합납부자번호 (사업장관리번호)	57110792375 (92023729941)	사업자등록번호	
사 업 장 명			
소 재 지	서울특별시 강동구 고덕동 (고덕제1동)		

(고용/산재) 정보	※ 고용/산재 정보는 고용/산재만 신청한 경우에 표시됩니다.		
건설공사명			
보험성립일		보험소멸일	
사업개시번호 및 공사명			
용 도	조달청제출용		

발급일 현재 징수유예액을 제외하고는 체납액이 없음을 확인합니다.

2022년 03월 03일

국민건강보험공단 이사장 [국민건강보험공단이사장인]

※ 국민건강보험법 제14조, 국민연금법 제88조, 고용보험 및 산업재해보상보험의 보험료징수 등에 관한 법률 제4조 규정에 의하여 이 증명서를 국민건강보험공단에서 발급 합니다.

※ 가입(납부)이력이 있는 보험만 표출됩니다.

※ 법인사업장의 경우 동일 사업자등록번호의 모든 사업장이 가입한 건강, 연금, 고용, 산재보험료를 완납 시 발급됩니다.
(고용/산재만 신청하는 경우에는 신청 사업장관리번호의 완납여부만 해당합니다.)

※ 이 증명서는 건설업 및 벌목업 등 고용, 산재보험료 자진신고 대상 사업장의 고용, 산재보험료 완납여부는 포함되지 않습니다.

※ 이 증명서는 공단 홈페이지 www.nhis.or.kr '증명서발급사실확인' 메뉴를 통해 발급 사실을 확인할 수 있습니다.(발급일로부터 90일까지) 또한 문서하단의 바코드로도 진위여부를 확인할 수 있습니다. 단, 팩스로 발급받은 경우는 이력 조회만 가능합니다.

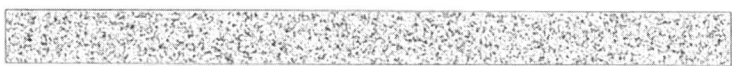

인쇄용지(2급)

[별첨5-59] 산재, 고용 완납 증명원

발급번호	■ 고용보험 ■ 산재보험	가입 증명원			
사업장명					
소재지					
보험가입자(대표자)			사업자등록번호 (법인등록번호)		
사업장관리번호 (사업개시번호)	고용보험	314-81-85080-6	적용형태	□ 개별	☑ 일괄
	산재보험	314-81-85080-6			
	(사업개시번호)	918-02-20192-7			
성립일자	고용보험	2008-04-07	소멸일자	고용보험	
	산재보험	2008-04-07		산재보험	
	사업개시일	2018-03-30		사업종료일	
사업의 종류	고용보험	일반전기 공사업			
	산재보험	건축건설공사			
용도	기타 ()				

※ 아래의 내용은 개별 가입된 유기공사 또는 사업개시번호의 가입내역을 확인하는 경우에만 표기됩니다.

지점명(공사장명)	고덕강일공공주택지구 13단지 아파트 전기공사		
지점주소(공사장 소재지)	[05225] 서울 강동구 고덕로 295-45 (고덕동) 강일IC주변		
사업기간(공사기간)	2018-03-30 ~ 2022-02-15	총공사금액	4,683,752,557 원
원수급인상호(법인명)			
원수급인 소재지	[ ]		
발주자명	서울주택도시공사		
발주자 소재지	[06336] 서울 강남구 개포로 621 (개포동)		

위와 같이 고용·산재보험 가입내역을 증명합니다.

2022년 03월 03일

근로복지공단 평택지사장 (근로복지공단평택지사장인)

담당자 전화번호

[별첨5-60] 국세 납부증명서

국세청
nts.go.kr

(1 / 1)

납 세 증 명 서

발급번호	7680-390-8465-058		처리기간	즉시(단, 해외이주용 10일)
납세자 인적사항	상호(법인명)	(주) 현대인더스트리	사업자등록번호	124-86-35304
	성명(대표자)	김황경	주민등록번호	
	주소(본점)	경기도 화성시 정남면 서봉로755번길 26		
증명서의 사용목적	[✓] 대금수령 [ ] 해외이주 (이주번호 제 호, 이주확인일 년 월 일) [ ] 기 타			
증명서의 유효기간	유효기간	2019 년 11 월 1 일		
	유효기간을 정한 사유	[✓] 「국세징수법 시행령」 제7조1항 [ ] 기 타 (사유:)		

징수유예 또는 체납처분 유예의 내역 (단위 : 원)	유예종류	유 예 기 간	과세기간	세 목	납부기한	세 액	가 산 금
		해	당	없	음		

물적납세의무 체납내역 (단위 : 원)	위탁자	과세기간	세 목	납부기한	세 액	가 산 금
	해	당	없	음		

「국세징수법」 제6조 및 같은 법 시행령 제6조에 따라 발급일 현재 위의 징수유예액, 체납처분유예액 또는 「부가가치세법」 제3조의2에 따른 수탁자의 물적납세의무와 관련된 체납액을 제외하고는 다른 체납액이 없음을 증명합니다.

접수번호	501590190136
담당부서	민원봉사실
담 당 자	나혜영
연 락 처	031-8019-1225

2019 년 10 월 2 일

화 성 세 무 서 장

국세청 National Tax Service

• 본 증명의 위·변조 여부는 발급일로부터 90일 이내 「국세청 홈택스(www.hometax.go.kr) 또는 모바일 홈택스 > 민원증명(증명발급) > 민원증명 원본확인」 에서 발급번호로 확인, 또는 문서 하단의 바코드로 확인이 가능합니다.
(공문서를 위·변조하거나 행사한 자는 10년 이하의 징역에 처할 수 있습니다.)

• 본 증명은 홈택스(www.hometax.go.kr)에서 대민 온라인 서비스를 통해 발급된 증명서입니다.

[별첨5-61] 지방세 납부증명서

Page

시청확인용 진본 2019/10/02 14:10:45 KST 정부시청확인센터

문서확인번호 : 1569-9930-5967-5169

정부24 gov.kr

지방세 납세증명(신청)서
Local Tax Payment Certificate(Application)

(1/1)

발급번호 Issuance Number	242851	접수일시 Time and Date of receipt	2019-10-02 14:10:03	처리기간 Processing Period	즉시 Immediately

납세자 Taxpayer	성명(법인명) Name(Name of Corporation) 현대인더스트리	주민(법인,외국인)등록번호 Resident(Corporation, Foreign)Registration Number 134811-0109860
	주소(영업소) Address(Business Office) 경기도 화성시 정남면 서봉로755번길 26	
	전화번호(휴대전화) Phone number(Cellular phone number) 031-8059-6100	

증명서의 사용 목적 Purpose of Certificate	대금수령 [V] Receipt of payment	대금 지급자 Payer 거래처
	해외이주 [ ] Emigration	이주번호 Emigration No. 해외이주 신고일 Date of the Report 년 월 일 yyyy mm dd
	부동산 신탁등기 [ ] Registration for real estate trust	신탁 부동산의 표시 (소재지, 건물명칭 및 번호) Information of real estate trust (Location, Building name and number)
	그 밖의 목적 [ ] Others	

증명서 신청부수 Copies of Certificate Needed	1 부 Copy(Copies)

「지방세징수법」 제5조 및 같은 법 시행령 제6조제1항에 따라 발급일 현재 징수유예등 또는 체납처분유예액을 제외하고는 다른 체납액이 없음을 증명하여 주시기 바랍니다.

I request to certify that I have no delinquent taxes except for the above-mentioned suspension of tax collection or suspension of disposition of delinquent tax as of the issued date of this certificate, in accordance with the provision of the Article 5 of Collection Act for Local Taxes and Article 6(1) of the Enforcement Decree of Collection Act for Local Taxes.

2019년(yyyy) 10월(mm) 02일(dd)

신청인(납세자) 현대인더스트리 (서명 또는 인)

Applicant(Taxpayer) (Signature or Stamp)

징수유예등 체납처분유예의 명세 Suspension of Tax Collection or Suspension of Disposition of Delinquent Tax

유예종류 Type of taxes suspended	유예기간 Period of taxes suspended	과세연도 Tax Year	세 목 Tax items	납부기한 Due date for payment	지방세 Tax Amount	가산금 Penalties
- 해당 사항 없음(None) -						

「지방세징수법」 제5조 및 같은 법 시행령 제6조제2항에 따라 발급일 현재 위의 징수유예등 또는 체납처분유예액을 제외하고는 다른 체납액이 없음을 증명합니다.

I hereby certify that I have no delinquent taxes except for the above-mentioned suspension of tax collection or suspension of disposition of delinquent tax as of the issued date of this certificate, in accordance with the provision of the Article 5 of Collection Act for Local Taxes and Article 6(2) of the Enforcement Decree of Collection Act for Local Taxes.

1. 증명서 유효기간 : 2019년(yyyy) 11월(mm) 01일(dd)
   Period of Validity
2. 유효기간을 정한 사유 : 지방세징수법 시행령 제 7조(납세증명서의 유효기간)
   Reason for determining the validity date

2019년(yyyy) 10월(mm) 02일(dd)

경기도 화성시장

The Mayor of Hwaseong

화성시장인

◆ 본 증명서는 인터넷으로 발급되었으며, 정부24(gov.kr)의 인터넷발급문서진위확인 메뉴를 통해 위 · 변조 여부를 확인할 수 있습니다. (발급일로부터 90일까지)

11. 설계변경/실정보고

(1) 첨부서류

① 설계변경사유서
- 관련법규 및 발주처 / 감독관 작업 지시서 근거
- 자연재해 및 공사방법 변경으로 인한 변경
- 타 분야 변경으로 인한 변경

② 설계변경 내역서
- 기존 품목의 자재비/노무비는 기존 단가 적용
- 신규 품목에 대해서는 비고란에 "신규" 라고 표기
- 변경전(당초), 변경후(변경), 증·감 표시

③ 노임산출 근거
- 정부 품셈 기준으로 작성
- 변경전(당초,) 변경후(변경), 증·감 표시

④ 물량산출서 (수량집계표-세부산출서)
- 회로별 산출내역서 정리
- 부하에서 메인으로 산출
- 할증 대상 품목은 집계표에서 할증 적용
- 변경전(당초), 변경후(변경), 증·감 표시

⑤ 일위대가서 (동일한 공정이 반복적으로 진행시)

⑥ 단가비교표
- 낙찰율 적용
- 물가정보, 거래가격, 물가자료, 가격정보중 2개이상 입력
- 물가정보지에 없는 품목에 대해서 견적처리(3개사)
- 견적서 기입시 회사명은 발주처 기재 일자는 월만 기록

⑦ 설계변경 도면

⑧ 제경비 산출근거서

[별첨5-62] 설계 변경 갑지

0000신추공사 중 전기공사

설계변경 내역서

20 . . .

대 한 민 국 전 기 ㈜

[별첨5-63-1] 설계변경사유서

문서번호	고강00기검(전)2106-01	공 사 명	고덕강일 공공주택지구 00단지 아파트 전기공사
수 신	서울도시주택공사 전기사업부	공 종	□건축 □기계설비 □토목 ■전기
구 분	□자체 제시 의견사항 □사업주체 검토 요구사항 ■시공자 제출사항		
제 목	고덕강일 00단지 실정보고서(주차장 옥외전력공사 외 2건) 검토		

1. 검토 목적

고덕강일 공공주택지구 00단지 아파트 전기공사 실정보고에 대하여 실정보고 항목, 변경사유, 변경물량, 내역비교 등의 적합여부를 검토 함

2. 관련 근거

1) 전력시설물 공사관리업무 수행지침 제36조(기술검토 의견서), 52조(설계변경 및 계약금액 조정)
2) 건설공사 사업관리 검토기준 및 업무수행지침 제97조(설계변경 관리)
3) 고덕-2019-강일 73호(21.06.04) 실정보고서(주차장 옥외전력공사 외 2건) 제출

3. 검토 내용

3-1)실정보고 현황

구분	순서	실정보고 항목	변경내용	검토의견
주차장옥외전력공사	1	옥외 전력간선 스케쥴 변경	- S/S - 메인분전반 간선케이블 스케쥴 변경 - 메인분전반 - 분기분전반 분기케이블 스케쥴 변경 - 배전반실 메인 열선분전반 삭제(기계설비 변경 반영)	적합
	2	주차장 전력간선 스케쥴 변경	- 우수저류조 동력설비 추가로 인한 부하설비 변경 - 휀룸 열선분전반 부하설비 변경(기계설비 변경 반영) - 조경용 배수펌프 분전반 추가	적합
	3	전기자동차 충전설비 신설	- 주택건설 기준등에 관한 규칙 제6조의2에 따른 입주자 편의시설 반영(급속-1, 완속-4)	적합
주차장동력설비공사	1	휀룸 배수펌프 및 열선분전반 부하 변경	- 휀룸 주차장 배수펌프 => 동 PIT 이동 및 일부 삭제 (건축 배치변경 반영) - 열선분전반 수량 및 배치 변경(기계설비 변경 반영)	적합
	2	일교환실(#2) 배수펌프 추가	당초 누락분 2단계 설계에 반영(1개소)	적합
	3	우수저류조 동력 부하설비 추가	- 우수저류조(#1.2) 공급펌프 및 배수펌프 추가 (기계설비 변경 반영)	적합
	4	주차장 배수펌프 추가	- 조경용 배수펌프 4개소(건축 신설 반영) - 주차램프 배수펌프 2개소(건축 신설 반영)	적합

[별첨5-63-2] 공종별 설계 변경 사유서

구분	순서	실정보고 항목	변경내용	검토 의견
주차장전등·전열설비공사	1	CPTED 용역결과 반영에 따른 주차장 레이스웨이 조명기구 추가	- 지하층 각동 출입구 통로 조명기구 추가 - 주차장 주차통로 및 주차구획 일부 조명기구 추가	적합
	2	방화셧다 및 주차유도등 전원공급 추가	- 주차램프 방화구획 구분에 따른 신설(1개소) - 주차유도등 전원공급 2단계설계 반영(지하1,2층 전체)	적합

3-2)실정보고 주요산출수량 비교

구분	순서	품명	규격	변경전	변경후	증,감
주차장옥외전력공사	1	강제전선관(노출) 경질비닐전선관(노출) 0.6/1kV XLPE 난연 케이블 접지용 비닐절연전선	아연도 36 mm 외 HI 28 mm F-CV 1C×50㎟ 외 F-GV, 25㎟ 외	56m 91m 5914m 207m	56m 90m 4416m 192m	0m -1m -1458m -15m
	2	강제전선관(노출) 합성수지제 가요 전선관 0.6/1kV XLPE 난연 케이블 접지용 비닐절연전선	아연도 36 mm 외 CD-난연성 22㎜ F-CV 1C×50㎟ 외 F-GV, 10㎟ 외	81m 0m 460m 93m	56m 414m 699m 29m	-25m 414m 239m -64m
	3	강제전선관(노출) 0.6/1kV XLPE 난연 케이블 450/750V 저독성 절연전선 접지용 비닐절연전선	아연도 70 mm 외 F-CV 1C×50㎟ 외 HFIX 10㎟ 외 F-GV, 25㎟	0m 0m 0m 0m	20m 151m 172m 17m	20m 151m 172m 17m
주차장동력설비공사	1	강제전선관(노출) 450/750V 저독성 절연전선 450/750V 저독성 절연전선 풀박스	아연도 28 mm 외 HFIX 2.5sq(1.78mm)단선 HFIX 10㎟ 외 200×200×100 외	289m 1139m 120m 19개	40m 75m 151m 5개	-249m -1064m 31m -14개
	2	강제 전선관 0.6/1kV XLPE 난연 케이블 접지용 비닐절연전선	아연도 36 mm 외 F-CV 3C×2.5㎟*3C 외 F-GV, 6㎟	0m 0m 0m	30m 4m 18m	30m 4m 18m
	3	강제전선관(노출) 0.6/1kV XLPE 난연 케이블 접지용 비닐절연전선	아연도 28 mm 외 F-CV 6㎟*2C 외 F-GV, 6㎟	0m 0m 0m	86m 98m 84m	86m 98m 84m
	4	강제전선관(노출) 450/750V 저독성 절연전선 풀박스	아연도 28 mm 외 HFIX 2.5sq(1.78mm)단선 200×200×100 외	0m 0m 0개	121m 486m 7개	121m 486m 7개

구분	순서	품명	규격	변경전	변경후	증,감
주차장전등·전열설비공사	3	RACE WAY(배선포함용)	일체형등기구(4m) - 1등용, 기구부	3m	183m	180m
		RACE WAY(배선포함용)	일체형등기구(4m) - 1등용, 공배	4m	148m	144m
		RACE WAY(배선포함용)	등기구,LED 40W(접속자재포함)	1개	61개	60개
		450/750V 저독성난연절연전선	HFIX 2.5sq (1.78mm)-단선	7m	331m	224m
	4	합성수지제 가요전선관	CD-난연성 16mm	0m	972m	972m
		PVC BOX(일체형)	C/T 4각	0개	55개	55개
		450/750V 저독성난연절연전선	HFIX 2.5sq(1.78mm)단선	0m	2965m	2965m

3-3)실정보고 금액

구분	공종	변경전	변경후	증,감	비고
주차장옥외전력공사	1.옥외 전력간선 스케쥴 변경	119,858,879	75,595,180	-44,263,699	
	2.주차장 전력간선 스케쥴 변경	13,470,631	22,703,979	9,233,348	
	3.전기자동차 충전설비 신설	0	5,109,989	5,109,989	
주차장동력설비공사	1.휀룸 배수펌프 및 열선분전반 부하 변경	6,289,426	2,752,860	-3,536,566	
	2.열교환실(#2) 배수펌프 추가	0	947,952	947,952	
	3.우수저류조 동력 부하설비 추가	0	3,803,034	3,803,034	
	4.주차장 배수펌프 추가	0	4,122,505	4,122,505	
주차장전등·전열설비공사	3.CPTED 용역결과 반영에 따른 주차장 레이스웨이 조명기구 추가	274,593	15,650,224	15,375,631	
	4.방화샷다 및 주차유도등 전원공급 추가	0	11,357,496	11,357,496	
	합계	139,893,529	142,043,219	2,149,690	

4. 검토의견

시공사에서 제출한 실정보고(주차장 및 옥외전력공사 외 2건)에 대한 실정보고 항목 및 사유, 내용, 물량, 공량산출, 자재단가표, 내역서, 공사비 증감 대비표 등을 검토한 결과 상기 검토내용 대로 적용함이 타당한 것으로 판단됩니다. 끝.

[별첨5-63-3] 공종별 설계도서 검토내용

설계도서검토(전기)

◎ 사업명 : 고덕강일 공공주택지구 00단지 공공주택 전기공사

연번	도면번호	설계검토내용 (시공사)	설계검토내용 (CM단)	설계검토내용 (설계사)	설계검토내용 (종합의견)	관련근거	비고
1	E2-001 옥외 전력인입설비 배치도	전력맨홀(근린생활시설) 800*800*1000 도면에 2개소 내역은 1개소만 반영	근린생활시설 전력맨홀이 도면은 2개, 산출서와 내역은 1개만 반영되어 검토, 적용 필요함	반 영			
2	E2-102 전기실 수변전설비 평면도	전기실, 발전기실 출입구 검토 필요 - 발전기실 경유해야 전기실 출입가능 - 발전기 기동시 소음, 풍압발생	발전기실 입구 배치로 소음방지 분리벽 설치 필요 (발전기실 장비 이동배치 및 출입문 추가 설치 필요)	건축과 협의 후 반영			
3	E2-103, E7-005 전기실 및 발전기실 접지설비평면도, 일반상세도-2	1. 접지시험단자반과 NOTE 상세도와 상이 2. 발전기 연료탱크 접지배관크기 수정필요 (전선GV70, CD28을 HI 36C로)	1. 접지단자반과 접지 NOTE 기호 일치, 통일된 표기 필요 2. 연료탱크 접지배관 CD28C =>HI 36C로 검토, 적용 필요(전선규격이 BC70㎟로 시공상 문제)	반 영			
4	E2-213 펌프실 MCC 결선도	MCC-A 급수펌프제어반 P-01차단기 부하계산서와 상이	MCC-A 급수펌프제어반 P-01차단기 부하계산서와 상이 (도면: 125/150, 부하계산서: 150/250)	반 영 (도면수정)			
5	E2-406 지하2층 주차장 전열및동력설비평면도	전기자동차 이동형충전기(과금형 휴대용충전기) 13개 회로 해당 분전반회로에 미반영	전기자동차 이동형 충전기(과금형 휴대용충전기) 18개 회로를 분전반(LM-1301,2,5,7,8,10) 결선도에 회로 추가 및 부하계산서 등에 반영 필요	반 영			
6	E2-406, 409 지하2층, 지하1층 주차장 전열 및 동력설비평면도	방화셧터 전원 배관배선 누락(2개소)	주출입구 주차경로 말단부, 부출입구 지하2층 진입부에 전원배관 반영 필요	반 영 (1개소)		분전반 결선도 참조 (E2-531, 582)	
7	E5-004~098 피뢰 및 접지설비계통도(각동)	계통도 메쉬접지와 분전반 귀로간 접지선 굵기 =>도면과 내역, 산출서가 불일치 (예. 1803동_도면35㎟50㎟=>내역, 산출25㎟)	접지극과 단자반, 분전반 접지모선이 도면과 내역, 산출 상이 검토, 적용 필요 (접지모선 규격을 각동 규격일치도 고려 필요)	반 영			
8	E5-060 지붕층-옥탑지붕 전력및전등설비평면도(1306동)	1306동 옥탑 통신위성안테나 보호용 피뢰침 1개소 산출 및 내역서 모두 누락	1306동 옥탑 통신위성안테나 보호용 피뢰침설비 1개소 산출, 내역 모두 반영 필요	반 영			
9	E6-004~019 부대복리시설 전열설비 평면도	부대복리시설 무선 AP전원 회로가 수량산출서, 내역서 모두 누락	해당 분전반(LP-MA, -D, -B, -N, -H, -KI)에 회로 추가, 부하계산서와 내역 및 산출서에 반영 필요	반 영			
10	E6-015 보육시설 동력및전열설비설비평면도	화장실 칫솔살균기 콘센트, 주방 대형 냉장고, 오븐 회로 미반영	보육실 분전반(LP-B)에 화장실 칫솔살균기, 복도 정수기 등 콘센트와 식기건조기(380v전용) 콘센트 회로 추가, 적용 필요	반 영		사업계획승인조건 조치계획서(전기첨부5 참조)	
11	E7-022, 023 접지 및 피뢰설비상세도-1,2	통신용 접지선 규격이 상세도와 계통도, 내역서 등이 불일치	건물기초 접지극(16㎟), 접지계통도(16㎟), 수량산출서(16㎟), 통신실 접지상세도(50㎟) 등이 서로 상이함 =>통일된 규격 표기 필요	반 영			
12	피뢰 및 접지설비	전기실, 건물, 통신용 접지설비계산서 자료없음	1. 전기실, 건물, 통신용 접지설비계산서 자료 필요 2. 접지시스템은 통합접지(등전위본딩) 설계 - 공통접지(등전위접지) 표기(E2-103) 혼란 - 타설비 포함 등전위본딩 시스템 반영(E7-021) 여부	반 영		2. 시방서 피뢰및접지설비공사 참조	
13	태양광발전설비	1. 태양광 모듈규격 확정 필요 2. 태양광 발전설비 시공상세도 없음	1. 모듈규격 270W =>370W로 변경 반영 필요 2. 태양광발전설비 시공상세도 전체 없음 (모듈크기, 접속함, 인버터, 지지대, 용량, 계산서 등)	반 영		1. 고덕강일 2,3지구 태양광모듈 규격통일 2. 시방서 태양광발전설비공사 참조	
14	무인택배시스템 설비	1304, 1308, 1310동 무인택배 전원(배관,배선) 3개소 누락	택배시스템 제어부,로컬서버 등 전원공급 반영 필요 (1304, 1308, 1310동, 3개소)	반 영		건축설계도면및내역 참조	

[별첨5-63-4] 공종별 설계변경 실정보고

설계변경 실정보고 현황

공사명 : 고덕강일공공주택지구 13단지 아파트 전기공사(08.주차장및옥외전력공사)

(단위:원)

순번	구분(세부공정)	변경 내용: 변경항목	변경 내용: 변경전	변경 내용: 변경후	증감액: 직접비: 재료비	증감액: 직접비: 노무비	증감액: 직접비: 경비	증감액: 직접비: 소계	증감액: 간접비	증감액: 총금액	설계변경 사유 또는 관련문서	비고
08	주차장및옥외전력공사	1.옥외 전력간선 변경 ○ 각종 전기실에서 분전반 연결라인 스케쥴 변경 ○ 각종 분전반에서 분전반 연결라인 스케쥴 변경 ○ 각동 열선용 메인 분전반 삭제로 인한 배관배선 삭제	○ 각종 전기실에서 분전반 연결라인 스케쥴 변경 PM-1308 -> S/S : FR-8 95/1C*4 PM-1309 -> S/S : FR-8 120/1C*4 P-B2-A -> S/S : F-CV 50/1C*4 P-B2-B -> S/S : F-CV 70/1C*4 P-B2-C -> S/S : F-CV 50/1C*4 LP-W1 -> S/S : F-CV 25/4C*1CV LP-MA -> S/S : FR-8 25/4C*4 PM-1301 -> S/S : FR-8 50/4C*1 PM-1305 -> S/S : FR-8 50/4C*1 LP-OUT -> S/S : F-CV 10/4C*1 ○ 각종 분전반에서 분전반 연결라인 스케쥴 변경 LP-KI -> PM-1307 : F-CV 6/4C*1 LP-SE1 -> PM-1310 : F-CV 6/2C*1 LP-SE2 -> PM-1310 . F-CV 6/2C*1 LP-K1 -> PO-1310 : FR-8 6/2C*1 LP-K2 -> PO-1309A : FR-8 6/2C*1 L-GU -> PM-1303 : 미반영 ○ 각동 열선용 메인 분전반 배관배선 설계 H-1301, H.1302, H1303, H1304, H1309, H1310	○ 각종 전기실에서 분전반 연결라인 스케쥴 변경 PM-1308 -> S/S : FR-8 70/1C*4 PM-1309 -> S/S : FR-8 95/1C*4 P-B2-A -> S/S : F-CV 35/4C*1 P-B2-B -> S/S : F-CV 95/1C*4 P-B2-C -> S/S : F-CV 70/1C*4 LP-W1 -> S/S : F-CV 50/1C*4 LP-MA -> S/S : FR-8 50/1C*4 PM-1301 -> S/S : FR-8 50/1C*4 PM-1305 -> S/S : FR-8 50/1C*4 LP-OUT -> S/S : F-CV 10/2C*1 ○ 각종 분전반에서 분전반 연결라인 스케쥴 변경 LP-KI -> PM-1307 : F-CV 10/4C*1 LP-SE1 -> PM-1310 : F-CV 10/2C*1 LP-SE2 -> PM-1310 : F-CV 10/2C*1 LP-K1 -> PO-1310 : FR-8 10/2C*1 LP-K2 -> PO-1309A : FR-8 10/2C*1 L-GU -> PM-1303 : HFIX 6*2 ○ 각동 열선용 메인 분전반 배관배선 삭제 H-1301, H.1302, H1303, H1304, H1309, H1310	-17,017,628	-27,246,071		-44,263,699	-10,969,030		2단계 변경사항	
		2. 주차장 전력간선 변경 ○ 각종 분전반에서 분전반 연결라인 스케쥴 변경 ○ 휠룸 열선 판넬 삭제 및 추가에 따른 배관 배선 변경 ○ 지하주차장용 배수펌프 분전반 6개소 추가	○ 각종 분전반에서 분전반 연결라인 스케쥴 변경 P-B2-C -> P-B2-D : F-CV 25/4C*1 LP-W2 -> LP-W1 : F-CV 25/4C*1 ○ 휠룸 열선 판넬 설계 HCP-B2F-1, HCP-B2F-2, HCP-B1F-1, HCP-B1F-2(4개소) ○ 배수펌프 분전반 미반영	○ 각종 분전반에서 분전반 연결라인 스케쥴 변경 P-B2-C -> P-B2-D : F-CV 50/1C*4 LP-W2 -> LP-W1 : F-CV 35/4C*1 ○ 휠룸 열선 판넬 설계 HCP-1,2,3,4 (4개소) ○ 배수펌프 분전반 추가 추가 : P-S1(4개소), S2(1개소), S3(1개소)	2,411,263	6,822,085		9,233,348			2단계 변경사항	
		3.전기자동차 충전설비 전원추가	미반영	전기자동차 충전설비 P-EV 판넬 전원추가 급속 충전기 1, 완속 충전기 4대 전원 추가	1,056,931	4,053,058		5,109,989			전기사업부-2931	

[별첨5-63-5] 원가계산서

공사원가계산서

공 사 명 : 고덕강일공공주택지구 13단지 아파트 전기공사(08.주차장및옥외전력공사)

구분		항목	변경전	소계	이하		변경후	소계	이하		증감	소계	이하		비고
순공사원가	재료비	직접재료비	45,863,482	45,863,482	45,863,482		32,334,048	32,334,048	32,334,048		-13,549,434	-13,549,434	-13,549,434		
		[소 계]	45,863,482	45,863,482	45,863,482	-	32,334,048	32,334,048	32,334,048	-	-13,549,434	-13,549,434	-13,549,434	-	
	노무비	직접노무비	87,446,028	87,446,028	87,446,028		71,075,100	71,075,100	71,075,100		-16,370,928	-16,370,928	-16,370,928		
		간접노무비	6,383,560	6,383,560	6,383,560	-	5,186,482	5,186,482	5,186,482	-	-1,195,078	-1,195,078	-1,195,078	-	<직접노무비> * 7.3%
		[소 계]	93,829,588	93,829,588	93,829,588	-	76,263,582	76,263,582	76,263,582	-	-17,566,006	-17,566,006	-17,566,006	-	
	경비	기계경비	-				-				-	-	-		
		산재보험료	3,800,098	3,800,098	3,800,098	-	3,086,675	3,086,675	3,086,675	-	-711,423	-711,423	-711,423	-	<노무비> * 4.05%
		고용보험료	816,317	816,317	816,317	-	663,493	663,493	663,493	-	-152,824	-152,824	-152,824	-	<노무비> * 0.87%
		국민건강보험료	1,486,582	1,486,582	1,486,582	-	1,208,276	1,208,276	1,208,276	-	-278,306	-278,306	-278,306	-	<직접노무비> * 1.7%
		노인장기요양보험료	109,709	109,709	109,709	-	89,170	89,170	89,170	-	-20,539	-20,539	-20,539	-	<국민건강보험료> * 7.38%
		국민연금보험료	2,177,406	2,177,406	2,177,406	-	1,769,769	1,769,769	1,769,769	-	-407,637	-407,637	-407,637	-	<직접노무비> * 2.49%
		퇴직공제부금비	2,011,258	2,011,258	2,011,258	-	1,634,727	1,634,727	1,634,727	-	-376,531	-376,531	-376,531	-	<직접노무비> * 2.3%
		산업안전보건관리비	2,626,591	2,626,591	2,626,591	-	2,037,160	2,037,160	2,037,160	-	-589,431	-589,431	-589,431	-	(<재료비+직노+지급(납품도)/1.1> * 1.97%)
		기타경비	9,640,201	9,640,201	9,640,201	-	7,493,236	7,493,236	7,493,236	-	-2,146,965	-2,146,965	-2,146,965	-	<재료비+노무비> * 6.9%
		[소 계]	22,668,162	22,668,162	22,668,162	-	17,984,506	17,984,506	17,984,506	-	-4,683,656	-4,683,656	-4,683,656	-	
계			162,381,232	162,381,232	162,381,232	-	126,582,136	126,582,136	126,582,136	-	-35,799,096	-35,799,096	-35,799,096	-	
일반관리비			5,358,580	5,358,580	5,358,580	-	4,177,210	4,177,210	4,177,210	-	-1,181,370	-1,181,370	-1,181,370	-	계 * 3.3%
이윤			13,282,339	13,282,339	13,282,339	-	10,728,357	10,728,357	10,728,357	-	-2,553,982	-2,553,982	-2,553,982	-	<노무비+경비+일반관리비> * 10.9%
공급가액			181,022,151	181,022,151	181,022,151	-	141,487,703	141,487,703	141,487,703	-	-39,534,448	-39,534,448	-39,534,448	-	
매입세			4,586,348	4,586,348	4,586,348		3,233,404	3,233,404	3,233,404		-1,354,944	-1,354,944	-1,354,944		재료비 * 10%
부가가치세			-			-	-			-	-	-	-	-	공급가액 * 10%
도급액			185,610,499	185,610,499	185,610,499	-	144,721,107	144,721,107	144,721,107	-	-40,889,392	-40,889,392	-40,889,392	-	공급가액+매입세+부가가치세
지급자재비		설치도	-				-				-				지급자재(설치도),단수정리
		납품도	-				-				-				지급자재(납품도),단수정리
		계	-				-				-				
이설비			-				-				-				
총공사비			185,610,499	185,610,499	185,610,499	-	144,721,107	144,721,107	144,721,107	-	-40,889,392	-40,889,392	-40,889,392	-	

[고덕강일공공주택지구 00단지 아파트 전기공사]

명 칭	규 격	단위	변경후 수량	변경후 자재비	변경후 노무비	변경후 경비	변경후 계	증감 수량	증감 자재비	증감 노무비	증감 경비	증감 계	비고
0101010302 주차장및옥외전력공사	(주차장 전력간선 변경)												
강제전선관(노출)	아연도 28 mm	m						-14	-43,834	-301,490		-345,324	
강제전선관(노출)	아연도 36 mm	m						-28	-114,996	-861,392		-976,388	
강제전선관(노출)	아연도 42 mm	m						-14	-66,738	-538,384		-605,122	
강제전선관(노출)	아연도 54 mm	m						-25	-167,775	-1,307,500		-1,475,275	
강제전선관(노출)	아연도 70 mm	m	25.0	214,500	1,692,050		1,906,550	25	214,500	1,692,050		1,906,550	
합성수지제 가요전선관	CD-난연성 22㎜	m	414.0	195,822	2,688,516		2,884,338	414	195,822	2,688,516		2,884,338	
파이프행거	28C	개소						-7	-6,356			-6,356	
파이프행거	36C	개소						-14	-12,950			-12,950	
파이프행거	42C	개소						-7	-6,727			-6,727	
파이프행거	54C	개소						-12	-13,044			-13,044	
파이프행거	70C	개소	12.0	13,692			13,692	12	13,692			13,692	
0.6/1kV XLPE 난연 케이블	F-CV 1C×50㎟	m	404.0	1,490,356	3,273,208		4,763,564	404	1,490,356	3,273,208		4,763,564	
0.6/1kV XLPE 난연 케이블	F-CV 2C×6㎟	m						-16	-19,584	-54,256		-73,840	
0.6/1kV XLPE 난연 케이블	F-CV 2C×10㎟	m						-32	-60,832	-150,720		-211,552	
0.6/1kV XLPE 난연 케이블	F-CV 4C×10㎟	m						-16	-59,888	-147,712		-207,600	
0.6/1kV XLPE 난연 케이블	F-CV 4C×25㎟	m						-396	-3,234,132	-5,820,012		-9,054,144	
0.6/1kV XLPE 난연 케이블	F-CV 4C×35㎟	m	295.0	3,307,245	5,169,285		8,476,530	295	3,307,245	5,169,285		8,476,530	
450/750V 저독성난연절연전선	HFIX 4㎟	m	2180.0	1,037,680	3,202,420		4,240,100	2,180	1,037,680	3,202,420		4,240,100	
압착단자	R형동선 나압착 16 ㎟	개	2.0	644	16,958		17,602	-2	-644	-16,958		-17,602	
압착단자	R형동선 나압착 25 ㎟	개	2.0	836	21,102		21,938	-14	-5,852	-147,714		-153,566	
압착단자	R형동선 나압착 35 ㎟	개	8.0	3,776	90,440		94,216	8	3,776	90,440		94,216	
러그단자	동관단자 2 HOLE 50 ㎟	개	8.0	12,136	150,736		162,872	8	12,136	150,736		162,872	
접지용비닐절연전선	F-GV, 6㎟	m						-16	-9,488	-24,608		-34,096	
접지용비닐절연전선	F-GV, 10㎟	m						-48	-46,560	-73,824		-120,384	

[별첨5-63-6] 세부물량산출서(변경전)

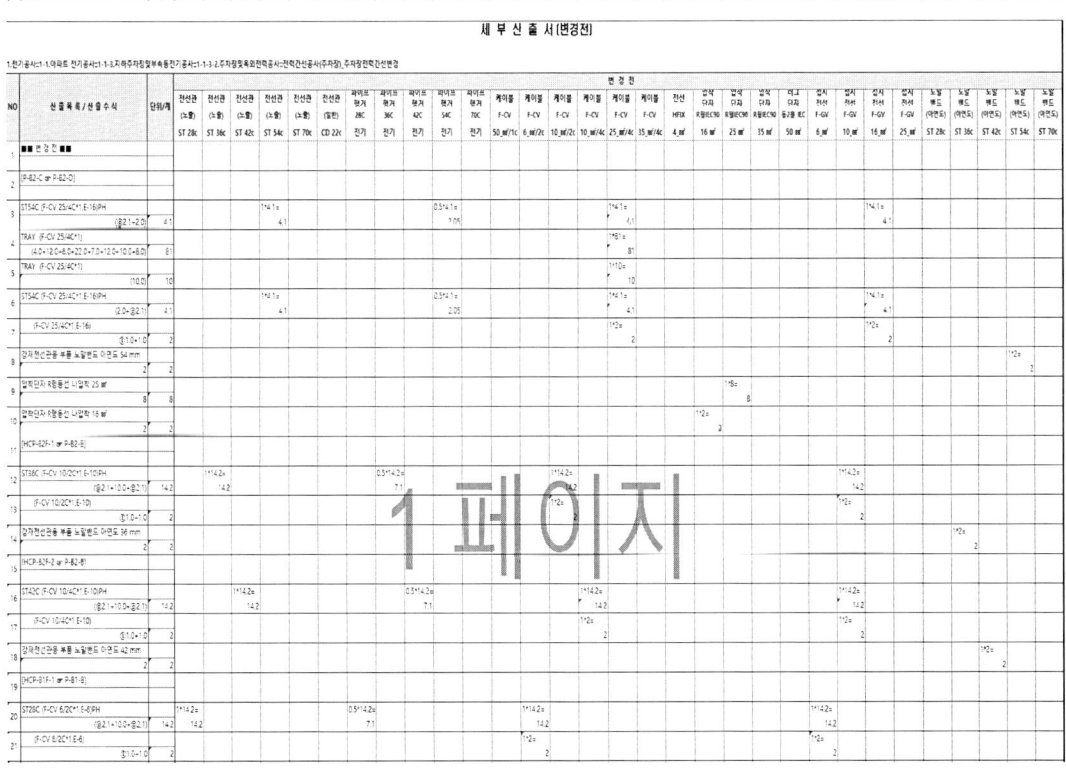

세 부 산 출 서(변경전)

1.전기공사::1-1.아파트 전기공사::1-1-3.지하주차장및부속동전기공사::1-1-3-2.주차장및옥외전력공사::전력간선공사(주차장)_주차장전력간선변경

NO	산 출 목 록 / 산 출 수 식	단위/계	변 경 전																														
			전선관 (노출) ST 28c	전선관 (노출) ST 36c	전선관 (노출) ST 42c	전선관 (노출) ST 54c	전선관 (노출) ST 70c	전선관 (일반) CD 22c	파이프 행거 28C 전기	파이프 행거 36C 전기	파이프 행거 42C 전기	파이프 행거 54C 전기	파이프 행거 70C 전기	케이블 F-CV 50_㎟/1c	케이블 F-CV 6_㎟/2c	케이블 F-CV 10_㎟/2c	케이블 F-CV 10_㎟/4c	케이블 F-CV 25_㎟/4c	케이블 F-CV 35_㎟/4c	전선 HFIX 4_㎟	압착 단자 R형IEC90 16 ㎟	압착 단자 R형IEC90 25 ㎟	압착 단자 R형IEC90 35 ㎟	러그 단자 동2홀 IEC 50 ㎟	접지 전선 F-GV 6_㎟	접지 전선 F-GV 10_㎟	접지 전선 F-GV 16_㎟	접지 전선 F-GV 25_㎟	노말 밴드 (아연도) ST 28c	노말 밴드 (아연도) ST 36c	노말 밴드 (아연도) ST 42c	노말 밴드 (아연도) ST 54c	노말 밴드 (아연도) ST 70c
1	■■ 변 경 전 ■■																																
2	[P-B2-C or P-B2-D]																																
3	ST54C (F-CV 25/4C*1,E-16)PH (③2.1+2.0)	4.1				1*4.1= 4.1						0.5*4.1= 2.05						1*4.1= 4.1									1*4.1= 4.1						
4	TRAY (F-CV 25/4C*1) (4.0+12.0+6.0+22.0+7.0+12.0+10.0+8.0)	81																1*81= 81															
5	TRAY (F-CV 25/4C*1) (10.0)	10																1*10= 10															
6	ST54C (F-CV 25/4C*1,E-16)PH (2.0+③2.1)	4.1				1*4.1= 4.1						0.5*4.1= 2.05						1*4.1= 4.1									1*4.1= 4.1						
7	(F-CV 25/4C*1,E-16) ①1.0+1.0	2																1*2= 2									1*2= 2						
8	강재전선관용 부품 노말밴드 아연도 54 mm 2	2																														1*2= 2	
9	압착단자 R형동선 나압착 25 ㎟ 8	8																				1*8= 8											
10	압착단자 R형동선 나압착 16 ㎟ 2	2																			1*2= 2												
11	[HCP-B2F-1 or P-B2-B]																																
12	ST36C (F-CV 10/2C*1,E-10)PH (③2.1+10.0+③2.1)	14.2		1*14.2= 14.2						0.5*14.2= 7.1						1*14.2= 14.2										1*14.2= 14.2							
13	(F-CV 10/2C*1,E-10) ①1.0+1.0	2														1*2= 2										1*2= 2							
14	강재전선관용 부품 노말밴드 아연도 36 mm 2	2																												1*2= 2			
15	[HCP-B2F-2 or P-B2-B]																																
16	ST42C (F-CV 10/4C*1,E-10)PH (③2.1+10.0+③2.1)	14.2			1*14.2= 14.2						0.5*14.2= 7.1						1*14.2= 14.2									1*14.2= 14.2							
17	(F-CV 10/4C*1,E-10) ①1.0+1.0	2															1*2= 2									1*2= 2							
18	강재전선관용 부품 노말밴드 아연도 42 mm 2	2																													1*2= 2		
19	[HCP-B1F-1 or P-B1-B]																																
20	ST28C (F-CV 6/2C*1,E-6)PH (③2.1+10.0+③2.1)	14.2	1*14.2= 14.2						0.5*14.2= 7.1						1*14.2= 14.2										1*14.2= 14.2								
21	(F-CV 6/2C*1,E-6) ①1.0+1.0	2													1*2= 2										1*2= 2								

1 페이지

세 부 산 출 서(변경전)

1.전기공사::1-1.아파트 전기공사::1-1-3.지하주차장및부속동전기공사::1-1-3-2.주차장및옥외전력공사::전력간선공사(주차장)_주차장전력간선변경

NO	산 출 목 록 / 산 출 수 식	단위/계	변 경 전																														
			전선관 (노출) ST 28c	전선관 (노출) ST 36c	전선관 (노출) ST 42c	전선관 (노출) ST 54c	전선관 (노출) ST 70c	전선관 (일반) CD 22c	파이프 행거 28C 전기	파이프 행거 36C 전기	파이프 행거 42C 전기	파이프 행거 54C 전기	파이프 행거 70C 전기	케이블 F-CV 50_㎟/1c	케이블 F-CV 6_㎟/2c	케이블 F-CV 10_㎟/2c	케이블 F-CV 10_㎟/4c	케이블 F-CV 25_㎟/4c	케이블 F-CV 35_㎟/4c	전선 HFIX 4_㎟	압착 단자 R형IEC90 16 ㎟	압착 단자 R형IEC90 25 ㎟	압착 단자 R형IEC90 35 ㎟	러그 단자 동2홀 IEC 50 ㎟	접지 전선 F-GV 6_㎟	접지 전선 F-GV 10_㎟	접지 전선 F-GV 16_㎟	접지 전선 F-GV 25_㎟	노말 밴드 (아연도) ST 28c	노말 밴드 (아연도) ST 36c	노말 밴드 (아연도) ST 42c	노말 밴드 (아연도) ST 54c	노말 밴드 (아연도) ST 70c
1	■■ 변 경 전 ■■																																
2	[P-B2-C or P-B2-D]																																
3	ST54C (F-CV 25/4C*1,E-16)PH (③2.1+2.0)	4.1				1*4.1= 4.1						0.5*4.1= 2.05						1*4.1= 4.1									1*4.1= 4.1						
4	TRAY (F-CV 25/4C*1) (4.0+12.0+6.0+22.0+7.0+12.0+10.0+8.0)	81																1*81= 81															
5	TRAY (F-CV 25/4C*1) (10.0)	10																1*10= 10															
6	ST54C (F-CV 25/4C*1,E-16)PH (2.0+③2.1)	4.1				1*4.1= 4.1						0.5*4.1= 2.05						1*4.1= 4.1									1*4.1= 4.1						
7	(F-CV 25/4C*1,E-16) ①1.0+1.0	2																1*2= 2									1*2= 2						
8	강재전선관용 부품 노말밴드 아연도 54 mm 2	2																														1*2= 2	
9	압착단자 R형동선 나압착 25 ㎟ 8	8																				1*8= 8											
10	압착단자 R형동선 나압착 16 ㎟ 2	2																			1*2= 2												
11	[HCP-B2F-1 or P-B2-B]																																
12	ST36C (F-CV 10/2C*1,E-10)PH (③2.1+10.0+③2.1)	14.2		1*14.2= 14.2						0.5*14.2= 7.1						1*14.2= 14.2										1*14.2= 14.2							
13	(F-CV 10/2C*1,E-10) ①1.0+1.0	2														1*2= 2										1*2= 2							
14	강재전선관용 부품 노말밴드 아연도 36 mm 2	2																												1*2= 2			
15	[HCP-B2F-2 or P-B2-B]																																
16	ST42C (F-CV 10/4C*1,E-10)PH (③2.1+10.0+③2.1)	14.2			1*14.2= 14.2						0.5*14.2= 7.1						1*14.2= 14.2									1*14.2= 14.2							
17	(F-CV 10/4C*1,E-10) ①1.0+1.0	2															1*2= 2									1*2= 2							
18	강재전선관용 부품 노말밴드 아연도 42 mm 2	2																													1*2= 2		
19	[HCP-B1F-1 or P-B1-B]																																
20	ST28C (F-CV 6/2C*1,E-6)PH (③2.1+10.0+③2.1)	14.2	1*14.2= 14.2						0.5*14.2= 7.1						1*14.2= 14.2										1*14.2= 14.2								
21	(F-CV 6/2C*1,E-6) ①1.0+1.0	2													1*2= 2										1*2= 2								

1 페이지

[별첨5-63-7] 세부물량산출서(변경후)

세 부 산 출 서(변경후)

1.전기공사::1-1.아파트 전기공사::1-1-3.지하주차장및부속동전기공사::1-1-3-2.주차장및옥외전력공사::전력간선공사(주차장)_주차장전력간선변경

NO	산출목록/산출수식	단위/계	변 경 후																														
			전선관 (노출) ST 28c	전선관 (노출) ST 36c	전선관 (노출) ST 42c	전선관 (노출) ST 54c	전선관 (노출) ST 70c	전선관 (일반) CD 22c	파이프 행거 28C 전기	파이프 행거 36C 전기	파이프 행거 42C 전기	파이프 행거 54C 전기	파이프 행거 70C 전기	케이블 F-CV 50_㎟/1c	케이블 F-CV 6_㎟/2c	케이블 F-CV 10_㎟/2c	케이블 F-CV 10_㎟/4c	케이블 F-CV 25_㎟/4c	케이블 F-CV 35_㎟/4c	전선 HFIX 4_㎟	압착 단자 R형IEC90 16 ㎟	압착 단자 R형IEC90 25 ㎟	압착 단자 R형IEC90 35 ㎟	러그 단자 동2홀 IEC 50 ㎟	접지 전선 F-GV 6_㎟	접지 전선 F-GV 10_㎟	접지 전선 F-GV 16_㎟	접지 전선 F-GV 25_㎟	노말 밴드 (아연도) ST 28c	노말 밴드 (아연도) ST 36c	노말 밴드 (아연도) ST 42c	노말 밴드 (아연도) ST 54c	노말 밴드 (아연도) ST 70c
1	■■ 변 경 후 ■■																																
2	[P-B2-C or P-B2-D]																																
3	ST70C (F-CV 50/1C*4,E-25)PH (@2.1+2.0)	4.1					1*4.1= 4.1						0.5*4.1= 2.05	4*4.1= 16.4														1*4.1= 4.1					
4	TRAY (F-CV 50/1C*4) (4.0+12.0+6.0+22.0+7.0+12.0+10.0+8.0)	81												4*81= 324																			
5	TRAY (F-CV 50/1C*4) (10.0)	10												4*10= 40																			
6	ST70C (F-CV 50/1C*4,E-25)PH (2.0+@2.1)	4.1					1*4.1= 4.1						0.5*4.1= 2.05	4*4.1= 16.4														1*4.1= 4.1					
7	(F-CV 50/1C*4 E-25) ①1.0+1.0	2												4*2= 8														1*2= 2					
8	강재전선관용 부품 노말밴드 아연도 70 mm 2	2																															1*2= 2
9	러그단자 동관단자 2 HOLE 50 ㎟ 8	8																						1*8= 8									
10	압착단자 R형동선 나압착 25 ㎟ 2	2																				1*2= 2											
11																																	
12																																	
13																																	
14																																	
15																																	
16																																	
17																																	
18																																	
19																																	

12. 공사준공

(1) 제출서류

① 준공계

② 준공검사원

③ 준공내역정산 사유서

④ 4대보험료 정산서

⑤ 준공정산 및 증/감액 동의서

⑥ 준공 내역서

⑦ 안전관리비 사용내역서

- 기성청구시 제출한 월별 안전관리비 사용내역
- 기성청구후 남은 잔여금액에 대한 안전관리비 사용내역(세금계산서, 입금증)

⑧ 고용, 산재보험 사입증명원 및 완납증명원

- 준공일에 맞추어서 다시 출력하여 제출

⑨ 국세, 지방세 완납증명서

- 준공일에 맞추어서 다시 출력하여 제출

⑩ 준공도면

⑪ 준공사진 (전,후 : 동일한 장소에서 촬영)

⑫ 하자 증권

※ 안전관리 사용내역서 및 완납증명서, 준공사진 기성청구시 제출하는 서류와 동일

[별첨5-64] 준공계

준 공 계

감 독 관 : (인)

1. 공 사 명 :
2. 공 사 위 치 :
3. 계 약 금 액 : 一金 원정 (₩ 0)
4. 준 공 금 액 : 一金 원정 (₩ 0)
5. 증 / 감 액 : 一金 원정 (₩ 0)
6. 계 약 년 월 일 : 20 년 월 일
7. 착 공 년 월 일 : 20 년 월 일
8. 준 공 년 월 일 : 20 년 월 일(착고일로부터 일)
9. 실준공 년 월 일 : 20 년 월 일
10. 첨 부 문 서 : 첨부문서 목록 참조

상기 공사를 공사설계도서, 품질관리기준 및 기타 약정대로 어김없이 준공하였기에 준공계를 제출 합니다.

20 년 월 일

상 호 :
주 소 :
대 표 : (印)

____________ 귀하

[별첨5-65] 준공검사원

준 공 검 사 원

1. 공 사 명 :
2. 공 사 위 치 :
3. 계 약 금 액 : 一金 원정 (₩ 0)
4. 준 공 금 액 : 一金 원정 (₩ 0)
5. 증 / 감 액 : 一金 원정 (₩ 0)
6. 계 약 년 월 일 : 20 년 월 일
7. 착 공 년 월 일 : 20 년 월 일
8. 준 공 년 월 일 : 20 년 월 일(착공일로부터 일)
9. 실준공 년 월 일 : 20 년 월 일
10. 첨 부 문 서 : 첨부문서 목록 참조

위 공사의 도급시행에 있어서 공사전반에 걸쳐 공사설계도서, 제 시방서, 품질관리기준 및 기타 약정대로 어김없이 준공하였을 확인하며, 만약 공사의 시공감독, 검사 및 감사시에 하자가 발견된 경우에는 하자담보기간 전후를 막론하고 실액변상 또는 재시공할 것을 서약하고 이에 준공검사원을 제출합니다.

20 년 월 일

상 호 :
주 소 :
대 표 : (印)

_____________ 귀하

[별첨5-66] 준공 보험료 정산현황

준공정산 현황(총괄)

■ 공사명 : 고덕강일공공주택지구 000단지 아파트 전기공사

공 종	계상금액 (물가변동 포함)	사용금액	순수정산금액	제잡비 포함 정산금액
1. 국민건강보험료	92,162,218	78,746,120	13,416,098	- 15,002,068
2. 노인장기요양보험	6,622,755	6,622,755	-	-
3. 국민연금보험료	140,699,369	89,438,520	51,260,849	- 57,225,290
4. 퇴직공제부금비	115,956,636	54,765,000	61,191,636	- 68,311,572
5. 산업안전보건관리비	181,739,409	116,729,395	65,010,014	- 72,574,235
6. 직접재료비	5,184,595	955,760	4,228,835	- 4,228,835
6. 총 계	874,055,334	537,711,370	336,343,964	- 217,342,000

[별첨5-67] 준공정산서

에너지기술 사업처 처장		전기사업부 부장		담당자		설계	2022 년 02 월 일
						심사	2020 년 02 월 일

변 경 설 계 서 (준공 정산)

● 공 사 명 : 고덕강일공공주택지구 000단지 아파트 전기공사 (단위 : 원)

구 분		계 약 금 액	정 산 금 액	최 종 금 액
총 공 사 비		10,153,342,000	- 217,342,000	9,936,000,000
도급액	공 사 원 가	9,936,478,227	- 217,342,000	9,719,136,227
	매 입 세	195,949,087	-	195,949,087
	부 가 가 치 세	4,414,686	-	4,414,686
	전기안전관리위탁용역비	16,500,000	-	16,500,000
	계	10,153,342,000	- 217,342,000	9,936,000,000
지 급 자 재 비				-
이 설 비				-

[별첨5-68] 준공정산 및 증/감액 동의서

준공정산 및 증/감액 동의서

01. 공 사 명 :

02. 계 약 년 월 일: 20 년 월 일

03. 착 공 년 월 일: 20 년 월 일

04. 준 공 년 월 일: 20 년 월 일 (착공일로부터 일)

05. 실 준 공 년 월 일: 20 년 월 일

06. 도 급 자:

07. 증 / 감 액 내 용

계약금액	준공정산금액	증/감액(정산차액)	비 고
₩	₩	₩	부가세포함

■ 정산내용

- 공사원가계산 중 경비 미사용 항목발생
- 4대보험(건강/ 연금/ 노인장기)실정산
- 산업안전관리비 실정산

당사는 상기 공사를 준공정산 증/감액에 의거 준공완료하고 계약금보다(감액) 되는 준공정산금액(₩)에 대하여 인정하고 이의를 제기하지 않을 것을 확인하며 준공정산(감액) 처리함에 동의합니다.

20 년 월 일

상 호 :

주 소 :

대 표 : (印)

______________ 귀하

[별첨5-69] 준공내역서

20　년도

준 공 내 역 서

공사명 : 0000신축공사 중 전기공사

주　　소 :
상　　호 :
대 표 자 :　　　　　　(인)

_______________공사

[별첨5-70] 준공내역정산

준공정산공사원가계산서 (전기+소방)

공 사 명 : [illegible]

구 분	계약금액				정산금액							최종금액							구성비	비고
	아파트		근린생활		합계			아파트		근린생활		합계			아파트		근린생활			
	전기	소방	전기	소방	총계	전기	소방	전기	소방	전기	소방	총계	전기	소방	전기	소방	전기	소방		
순공사원가 / 재료비 / 직접재료비	[illegible]	[illegible]	2,964,394	1,325,759	-4,228,836	-4,228,836		-4,228,836				[illegible]	[illegible]	[illegible]	[illegible]	[illegible]	2,964,394	1,325,759		
재료비 [소 계]	[illegible]	[illegible]	2,964,394	1,325,759	-4,228,836	-4,228,836		-4,228,836				[illegible]	[illegible]	[illegible]	[illegible]	[illegible]	2,964,394	1,325,759		
노무비 / 직접노무비	[illegible]	[illegible]	17,308,207	4,668,123								[illegible]	[illegible]	[illegible]	[illegible]	[illegible]	17,308,207	4,668,123		
노무비 / 간접노무비	[illegible]	54,886,017	1,263,499	840,772								[illegible]	[illegible]	54,785,789	[illegible]	54,886,017	1,263,499	840,772	<직접노무비> × 7.9%	
노무비 [소 계]	[illegible]	[illegible]	18,571,706	5,008,895								[illegible]	[illegible]	[illegible]	[illegible]	[illegible]	18,571,706	5,008,895		
경비 / 기계경비	2,140,964		592									2,141,556	2,141,556		2,140,964		592			
경비 / 산재보험료	[illegible]	38,302,537	759,209	192,583								[illegible]	[illegible]	38,495,120	[illegible]	38,302,537	759,209	192,583	<노무비> × 4.05%	
경비 / 고용보험료	94,139,661	8,233,559	161,574	43,576								42,878,360	94,301,225	8,277,135	94,139,661	8,233,559	161,574	43,576	<노무비> × 0.87%	
경비 / 국민건강보험료	77,860,789	17,452,610	251,094	84,783	[illegible]	[illegible]		[illegible]				78,746,180	61,208,727	17,537,393	60,867,548	17,452,610	251,064	84,783	<직접노무비> × 1.7%	
경비 / 노인장기요양보험료	5,902,597	1,289,002	25,910	8,256								6,622,755	5,028,497	1,294,258	5,002,587	1,296,002	25,910	8,256	<국민건강보험료> × 7.38%	
경비 / 국민연금보험료	[illegible]	25,562,941	514,234	124,163	[illegible]	[illegible]		[illegible]				89,436,520	63,751,396	25,687,124	53,837,162	25,562,941	514,234	124,163	<직접노무비> × 2.49%	
경비 / 퇴직공제부금비	84,118,938	20,886,004	398,089	107,368	[illegible]	[illegible]		[illegible]				54,765,000	34,871,690	20,892,870	33,873,641	20,886,004	398,089	107,368	<직접노무비> × 2.3%	
경비 / 산업안전보건관리비	[illegible]	27,341,368	663,797	137,590	[illegible]	[illegible]		[illegible]				[illegible]	89,280,437	27,478,958	88,666,640	27,341,368	663,797	137,590	[(재료비+직노+지급(관급)자재)×1.1]×1.97%	
경비 / 기타경비	[illegible]	93,094,546	1,495,991	437,091								[illegible]	[illegible]	93,401,639	[illegible]	93,094,546	1,495,991	437,091	<재료비+노무비> × 6.9%	
경비 [소 계]	[illegible]	[illegible]	4,384,480	1,133,429	[illegible]	[illegible]		[illegible]				[illegible]	[illegible]	[illegible]	[illegible]	[illegible]	4,384,480	1,133,429		
계	[illegible]	[illegible]	25,920,580	7,468,082	[illegible]	[illegible]		[illegible]				[illegible]	[illegible]	[illegible]	[illegible]	[illegible]	25,920,580	7,468,082		
일 반 관 리 비	[illegible]	47,031,982	855,379	248,448	-5,161,390	-5,161,390		-5,161,390				[illegible]	[illegible]	47,278,898	[illegible]	47,031,982	855,379	248,448	계 × 3.3%	
이 윤	[illegible]	[illegible]	2,595,460	696,375	[illegible]	[illegible]		[illegible]				[illegible]	[illegible]	[illegible]	[illegible]	[illegible]	2,595,460	696,375	<노무비+경비+일반관리비> × 10.9%	
공급가액 / 합 산 계	[illegible]	[illegible]	29,877,419	8,410,903	[illegible]	[illegible]		[illegible]				[illegible]	[illegible]	[illegible]	[illegible]	[illegible]	29,877,419	8,410,903		
공급가액 / 1회 연동 [2018.09.01]	[illegible]	70,504,867	1,273,838	370,000	-7,859,078	-7,859,078		-7,859,078				[illegible]	[illegible]	70,874,867	[illegible]	70,504,867	1,273,838	370,000		
공급가액 / 2회 연동 [2019.09.01]	[illegible]	73,974,834	1,334,545	387,273	-8,234,171	-8,234,171		-8,234,171				[illegible]	[illegible]	74,362,107	[illegible]	73,974,834	1,334,545	387,273		
공급가액 / 3회 연동 [2020.09.01]	[illegible]	40,153,876	655,455	258,364	-6,590,652	-6,590,562		-6,590,562				[illegible]	[illegible]	40,409,640	[illegible]	40,153,876	655,455	258,364		
공급가액 / 4회 연동 [2021.03.31]	[illegible]	22,302,791	751,818	294,545	-6,418,292	-6,418,292		-6,418,292				[illegible]	[illegible]	22,597,336	[illegible]	22,302,791	751,818	294,545		
공급가액 / 5회 연동 [2021.09.01]	34,502,214	6,645,484	748,192	292,727	-6,376,559	-6,376,559		-6,376,559				37,816,038	28,873,827	6,938,211	28,125,646	6,645,484	748,192	292,727		
공급가액 / 소 계	[illegible]	[illegible]	34,135,055	10,011,812	[illegible]	[illegible]		[illegible]				[illegible]	[illegible]	[illegible]	[illegible]	[illegible]	34,135,058	10,011,812		
관인세 / 합 산 계	[illegible]	25,730,886										[illegible]	[illegible]	25,730,886	[illegible]	25,730,886			자재비 × 10%	
관인세 / 1회 연동 [2018.09.01]	6,197,569	1,132,133										7,329,702	6,197,569	1,132,133	6,197,569	1,132,133				
관인세 / 2회 연동 [2019.09.01]	6,493,362	1,186,166										7,679,528	6,493,362	1,186,166	6,493,362	1,186,166				
관인세 / 3회 연동 [2020.09.01]	4,233,825	761,724										4,995,549	4,233,825	761,724	4,233,825	761,724				
관인세 / 4회 연동 [2021.03.31]	4,291,908	624,209										4,916,117	4,291,908	624,209	4,291,908	624,209				
관인세 / 5회 연동 [2021.09.01]	1,497,786	379,516										1,877,302	1,497,786	379,516	1,497,786	379,516				
관인세 / 소 계	[illegible]	29,814,033										[illegible]	[illegible]	29,814,033	[illegible]	29,814,033				
부가가치세 / 합 산 계			2,937,141	841,090								3,778,231	2,937,141	841,090			2,937,141	841,090	공급가액 × 10%	
부가가치세 / 1회 연동 [2018.09.01]			127,364	37,000								164,364	127,364	37,000			127,364	37,000		
부가가치세 / 2회 연동 [2019.09.01]			133,455	38,727								172,182	133,455	38,727			133,455	38,727		
부가가치세 / 3회 연동 [2020.09.01]			65,545	25,636								91,181	65,545	25,636			65,545	25,636		
부가가치세 / 4회 연동 [2021.03.31]			75,182	29,455								104,637	75,182	29,455			75,182	29,455		
부가가치세 / 5회 연동 [2021.09.01]			74,818	29,273								104,091	74,818	29,273			74,818	29,273		
부가가치세 / 소 계			3,413,505	1,001,181								4,414,686	3,413,505	1,001,181			3,413,505	1,001,181		
전기안전관리위탁용역비	16,800,000											16,800,000	16,800,000		16,800,000					
도 급 액	[illegible]	[illegible]	37,846,860	11,018,003	[illegible]	[illegible]		[illegible]				[illegible]	[illegible]	[illegible]	[illegible]	[illegible]	37,846,860	11,018,003	공급가액+관인세+부가가치세	

02 민수공사

주관부서 – 공사담당자

1. 공사 흐름도

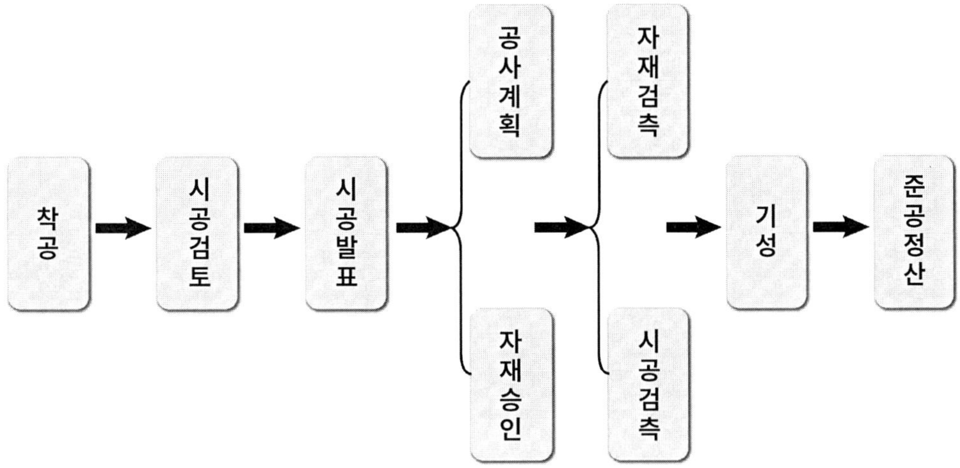

2. 공사착공

(1) 착공계 (계약후 15일이내, 현장제출)

① 착공계

② 현장대리인계 : 재직증명서, 경력수첩사본, 경력증명서(원본)

③ 사용인감계

④ 안전관리자 선임계 : 현장대리인(현장소장) 선임

⑤ 자재 / 인원 투입 계획서

⑥ 예정공정표

3. 시공전 검토사항

(1) 전력공급

① 공사현장이 가공/지중 지역인지 확인

② 배선선로의 용량이 충분한지 확인

③ 수전위치 확인

④ 수배전반 설치 상세도 및 투입시기 / 반입방법

⑤ 단선계통도, 접지공사 시공상세도 확인

(2) 가설건물협의 (건설사 담당자와 협의)

① 사무실, 창고 설치장소 및 투입시기

② 관할지자체 신고 여부(현장내부 : 신고제외, 현장외부 : 신고대상)

③ 통신/보안설비 (통신/보안업체와 협의)

④ 사무실 집기류(비품) 구입

(3) 신고서류

① 공사계획신고 : 저압수전 생략

- 고압수전대상(골조공사 시작전) : 건설사 담당자에게 제출

② 소방하도급신고 : 건설사 담당자에게 제출

(4) 도면검토

① 입찰 당시에는 건축허가도면이므로 공사 착공 후 1~3개월 이내 실시 시도공면 시공업체에 배포됨

- 배포 후 도면 검토 진행

② 건설사에서 적산업체에 의뢰하여 작성된 설계서를 하도급업체에 검토하라고 지시

- 검토 후 최종적으로 본공사 계약진행
- <u>본공사 계약시 하도급에서 검토 당시 누락 부분은 추후 계약시 적용제외 되오니 철저히 검토</u>

4. 시공발표

(1) 공사계약 착공후 1달이내에 시공발표회 개최

① 참석자 : 건설사 현장소장, 담당팀장, 감리, 시공사대표/임원, 시공사 현장대리인

② 공사시공계획, 안전관리계획, 품질관리계획 PPT 작성

③ 시공발표자 : 현장대리인

④ 공사시공계획에 포함되어야 하는 항목

- 공사개요
- 공정표
- 자재, 장비, 인원 투입계획
- 시공사 조직도
- 공종별 시공방법 및 하자 발생시 대처방안

[별첨5-71] 시공발표(시공계획서)

공사 시공계획서

전기공사

20 .

목 차

1. 위치, 조감도, 배치도
2. 공사개요
3. 공사수행방안
- 목표
- 공정표
- 조직운용계획

4. 공정관리계획
5. 품질관리계획
6. 원가관리 계획
7. 안전관리계획
8. 환경관리계획

조감도

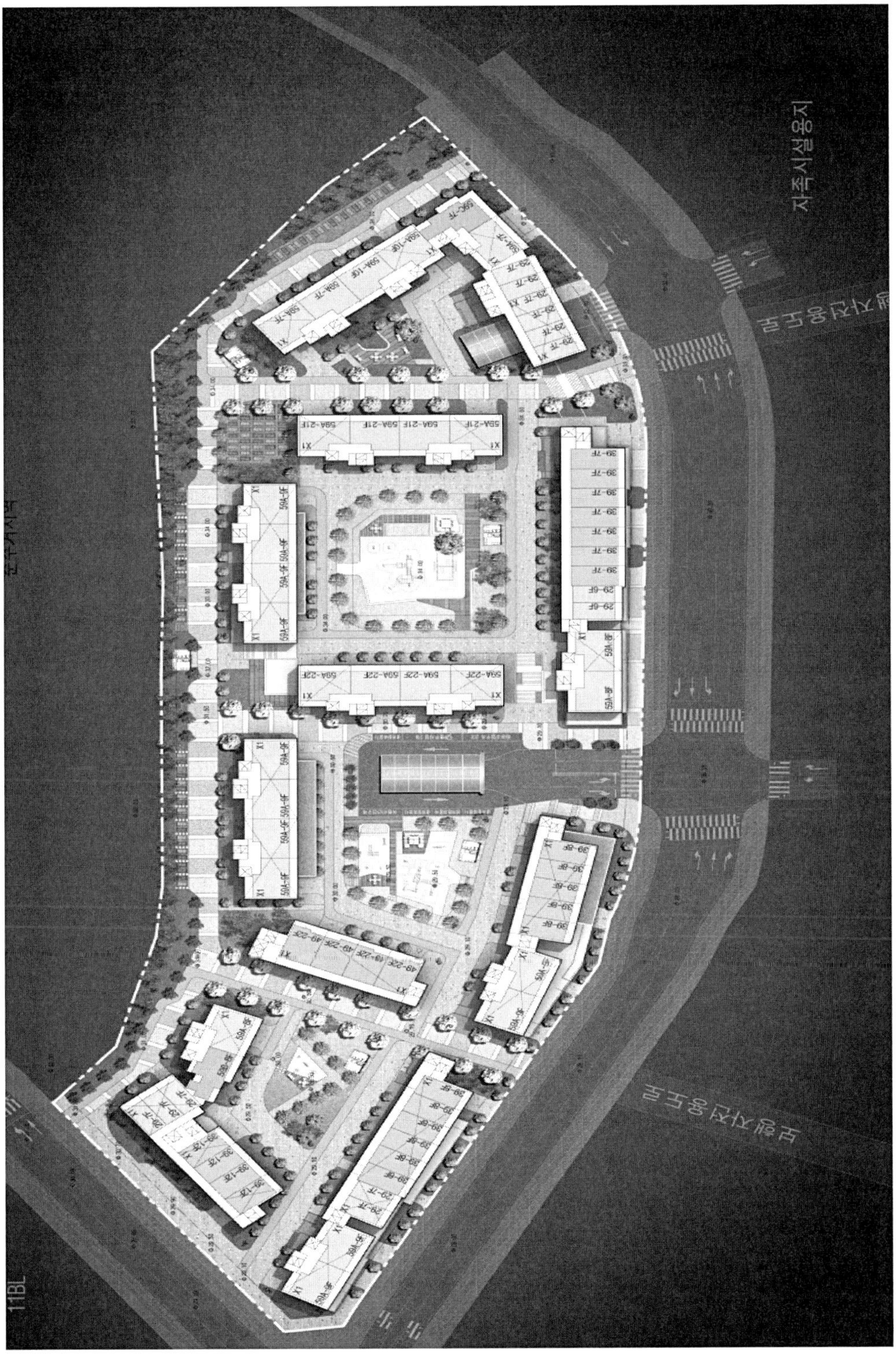

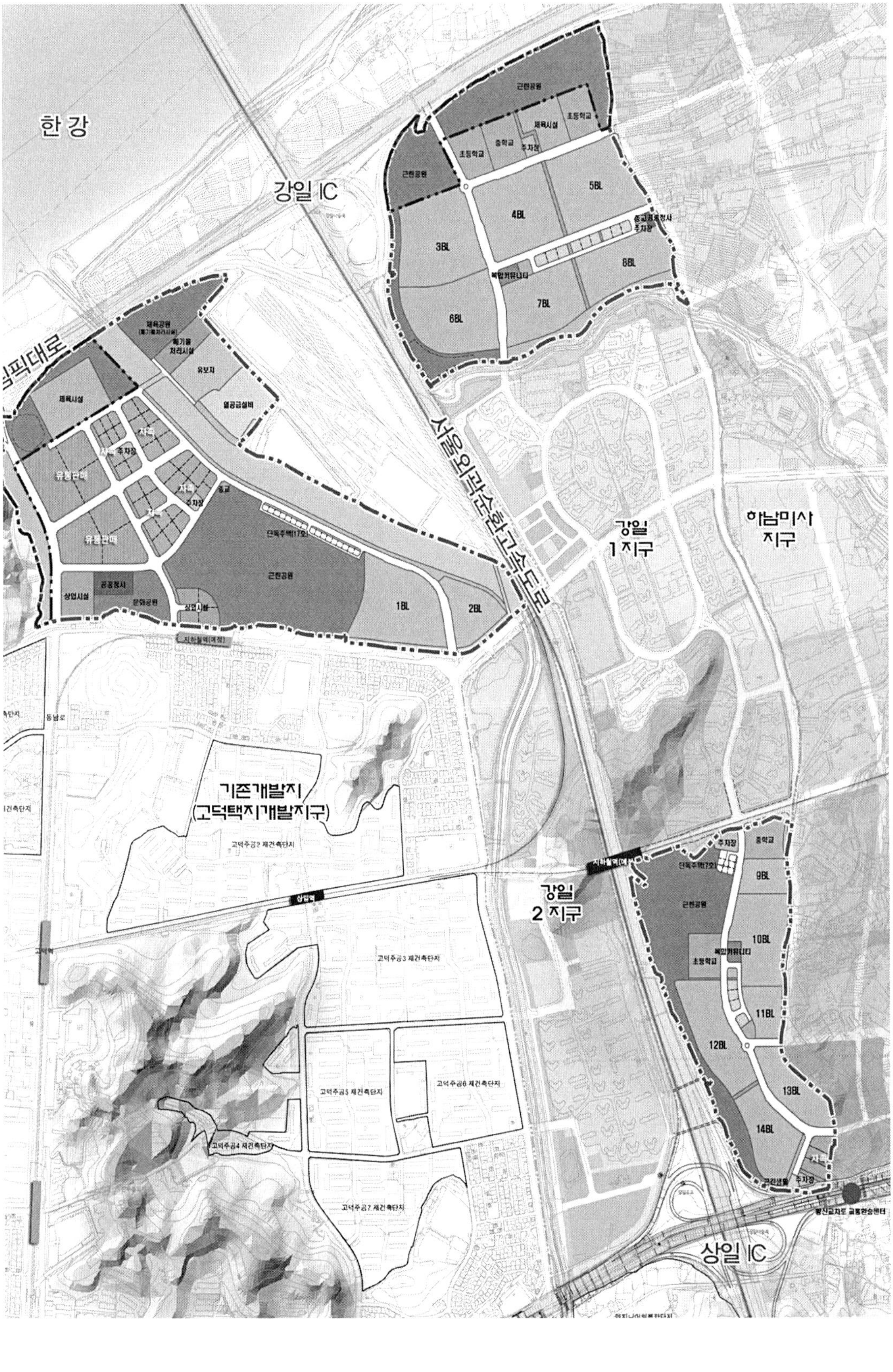

한 강
강일 IC
올림픽대로
서울외곽순환고속도로
강일
1 지구
하남미사
지구
기존개발지
(고덕택지개발지구)
강일
2 지구
상일 IC
근린공원
초등학교
중학교
체육시설
주차장
3BL
4BL
5BL
6BL
7BL
8BL
복합커뮤니티
체육시설
유통판매
근린공원
단독주택(7호)
상업시설
공공청사
문화공원
1BL
2BL
지하철역(예정)
상일역
고덕주공2 재건축단지
고덕주공3 재건축단지
고덕주공5 재건축단지
고덕주공6 재건축단지
고덕주공4 재건축단지
고덕주공7 재건축단지
9BL
10BL
11BL
12BL
13BL
14BL

고덕강일지구 00단지 조감도

고덕강일지구 00단지 배치도

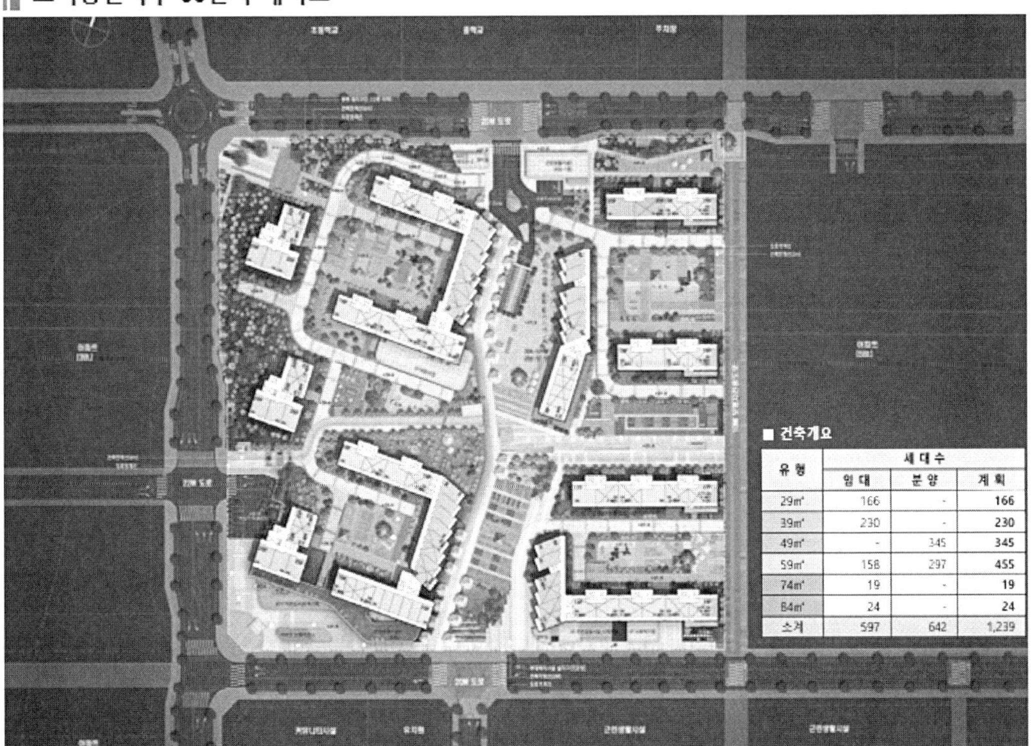

유형	세대수		
	임대	분양	계획
29㎡	166	-	166
39㎡	230	-	230
49㎡	-	345	345
59㎡	158	297	455
74㎡	19	-	19
84㎡	24	-	24
소계	597	642	1,239

개요 및 현황

고덕강일지구 사업추진 경위

2011. 12. 08	고덕강일 보금자리주택지구 지정_국토해양부고시 제2011-753호
2012. 11. 22	중앙도시계획 위원회 심의
2012. 11. 27	수도권 정비 실무위원회 심의
2012. 12. 05	통합심의 위원회 심의
2012. 12. 21	고덕강일 보금자리주택지구 지구계획 승인 고시
2013. 04. 01	서민주거안정을 위한 주택시장정상화 종합대책 발표(4.1종합대책)
2015. 04~07	지구계획변경 통합심의 위원회 심의
2015. 08. 12	공공주택지구 지구계획(변경) 승인
2015.12~ 2016.06	고덕강일2,3지구 총괄계획팀 기획설계 MP회의
2016. 06. 13	고객만족 자문위원회
2016. 10. 06	기본설계단계VE
2016. 11. 17	서울특별시 공공주택통합심의위원회 본심의
2016. 12. 30	주택건설사업계획승인 (완료예정)

고덕강일지구 사업개요

- 시 행 자 : 서울주택도시공사
- 위 치 : 강동구 고덕동,강일동,상일동 일대 고덕강일공공주택지구
- 대 지 면 적 : 총7개 단지 216,260㎡ (65,533평)
- 건 설 호 수 : 6,095 세대
- 용 적 률 : 최고 200%이하

위치도

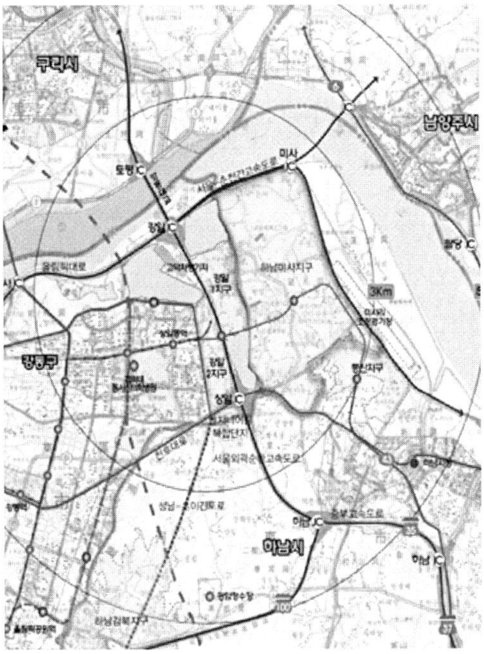

블럭별 개요

구 분		합 계	4 BL	6 BL	7 BL	8 BL	9 BL	11 BL	13 BL
지역/지구		고덕강일공공주택지구 (1지구,2지구,3지구)	제2종 일반 주거지역	제2종 일반 주거지역	제2종 일반 주거지역	제2종 일반 주거지역	제2종 일반 주거지역	제2종 일반 주거지역	제2종 일반 주거지역
대지면적(㎡)		1,660,535 ㎡	45,390.00 ㎡	48,269 ㎡	37,598 ㎡	34,677 ㎡	12,615 ㎡	13,500 ㎡	24,211 ㎡
연 면 적(㎡)		약 690,001 ㎡	135,903.64 ㎡	128,666.25 ㎡	65,807 ㎡	65,807 ㎡	65,807 ㎡	65,807 ㎡	65,807 ㎡
건 폐 율(%)		30 %이하	22.29 %	50 %이하	50 %이하	50 %이하	50 %이하	50 %이하	50 %이하
용 적 률(%)		200 %이하	201.39 %	190 %이하	190 %이하	190 %이하	190 %이하	190 %이하	190 %이하
세대수	임 대	3,445 세대	597 세대	560 세대	560 세대	560 세대	560 세대	600 세대 (행복주택)	560 세대
	분 양	1,691 세대	642 세대	- 세대	- 세대	- 세대	- 세대	- 세대	- 세대
	합 계	11,106 세대	1239 세대	1244 세대	1025 세대	946 세대	366 세대	600 세대	675 세대
규 모		14개 단지, 평균17~21층	평균층수 18층이하	평균층수 17 층이하	평균층수 17 층이하	평균층수 17 층이하	평균층수 17 층이하	평균층수 17 층이하	평균층수 17 층이하
용 도		공동주택 및 부대복리시설	공동주택 및 부대복리시설	공동주택 및 부대복리시설	공동주택 및 부대복리시설	공동주택 및 부대복리시설	공동주택 및 부대복리시설	공동주택 및 부대복리시설	공동주택 및 부대복리시설
비 고			2016. 12 사업승인예정	2016. 12 사업승인예정	2016. 12 사업승인예정	2016. 12 사업승인예정	2016. 12 사업승인예정	2016. 12 사업승인예정	2016. 12 사업승인예정

3.0 시공업체조직표

(본사 조직표)

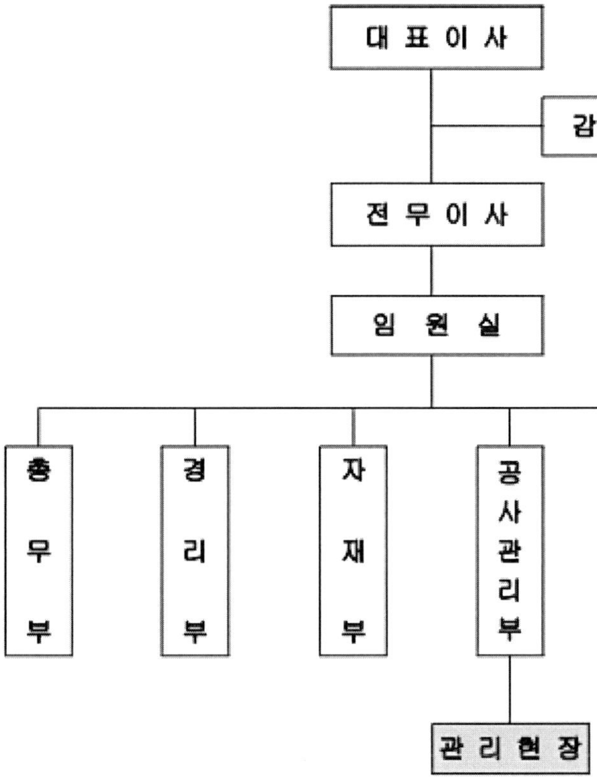

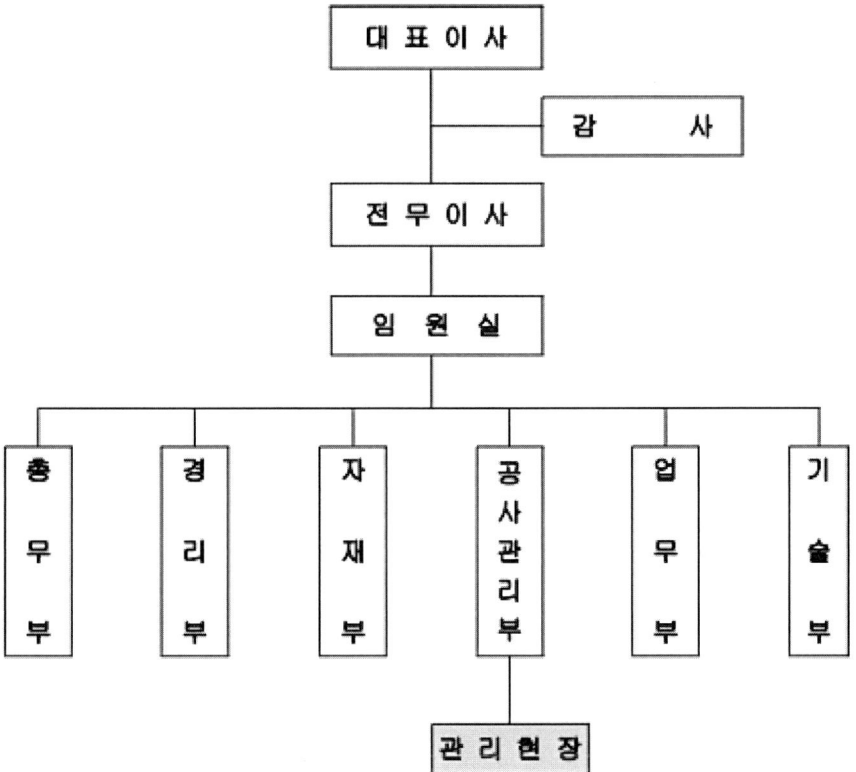

[별첨5-72] 시공발표회자료 PPT(예시)

Ⅰ. 일반 사항

1. 현 장 개 요
2. 단지배치
3. 전 기 공 사 개 요
4. 협력사 소장 운영방침
5. 공 정 관 리
6. 조 직 도

1-5. 공 정 관 리

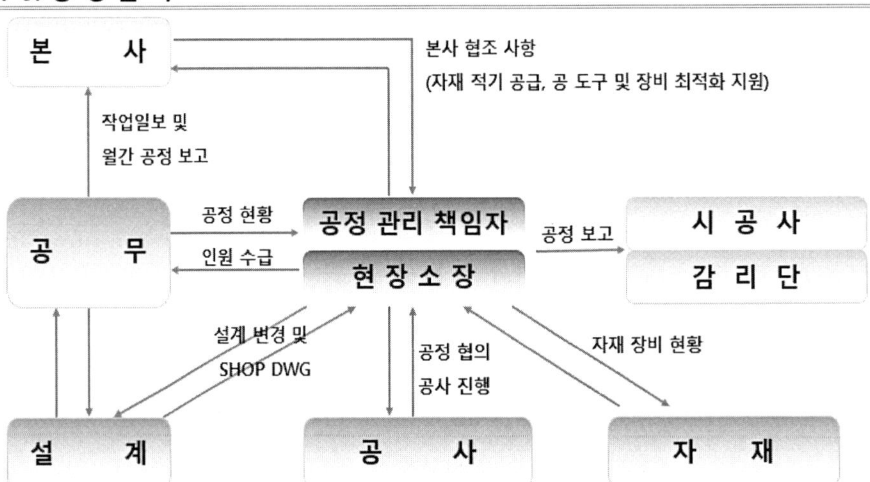

1. 현장 제반 업무에 대하여 절차와 기준을 명확히 규정하고 정확한 업무분담으로 능률적이고 합리적인 공정관리를 시행하여 업무효율을 극대화한다.
2. MASTER 공정표에 의한 월간공정표 및 주간공정표를 작성하여 공정관리에 임한다.
3. 월간 공정계획대비 실적을 분석하여 문제점 및 개선안을 수립하여 추진한다.
4. 공정진행 진척도에 따라 자재, 인원 및 장비 동원계획을 철저히 수립하여 인원의 LOSS가 없도록 관리한다.

Ⅱ. 공사 관리계획

1. 예 정 공 정 표
2. 자 재 투 입 계 획
3. 대 관 업 무 계 획
4. 시공도 작성 및 검토 계획

Ⅲ. 전기 공사 시공 계획

1. 접지 및 피뢰설비 공사
2. 배관/배선 공사
3. TRAY 공사
4. 수배전반 공사
5. 기구 취부 공사
6. 타공정 협의 사항
7. 각동 공용부 공사
8. 단위세대 공사
9. 도면검토

Ⅳ. 품질, 안전, 환경 관리 계획

1. 목적 및 방침
2. 기 본 계 획
3. 관 리 방 안
4. 하자 재발방지 대책
5. 안 전 교 육
6. 위험성 평가 관리 지침
7. 작업별 안전 관리 활동
8. 화 재 예 방
9. 환 경 관 리
10.폐기물 관리
11.사 후 관 리

4-3. 관 리 방 안

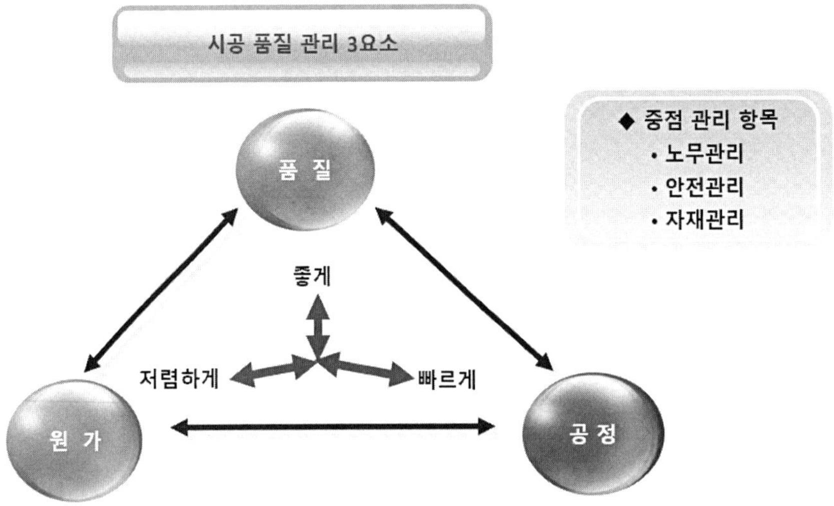

5. 공사 계획

(1) 전기사용신청서 제출

① 저압, 고압 착공후 : 3개월이내

- 한전 배전선로 용량 부족시 6개월~1년 소요
- 전기사용신청서 접수 후 현장 수전 관련 협의 진행

② 흐름도

수용신청 → 내선검토 → 배전설계 → 공사비납부 → 수급계약 → 계량기수령 → 봉인 → 계전기수정 → 수전

③ 첨부서류

가. 전기사용신청서

나. 건축 허가서

다. 토지/건물 소유자 및 전기사용자

- 사업자 등록증, 법인인감증명서, 등기부등본

마. 공사업 면허사본(시공업체), 대표자 신분증

바. 관련도면 (기술사 날인)

- 저압 – 단선 결선도
- 고압 – 단선 결선도, 수배전반 외형도

(2) 공사계획신고 (고압의 경우)

① 신고기간

- 공사를 시작하기 전

1회 : 전체공사중 수전설비가 완성될 때(한국전력공사 분기점 ~ 수전설비)

2회 : 공사계획에 의한 전체의 공사가 완료된 때

(요청검사 – 수전설비 2차측 ~ 부하까지)

② 검사신청

사용전검사 최소 7일전 제출

(3) 공정표작성(실공정)

① 작성전 준비사항

타 분야의 공정표 접수(건축, 토목, 조경, 설비 등)

② 작성방법

가. 내역서 기준으로 하여금 공정구별(주요공정별 구분)

나. 금액 및 보할 표기

다. 공사기간 설정 후 세부기간 설정(주간, 15일, 월)

라. 소장과 협의하여 기간 삽입

마. 보할의 기준으로 하여금 세부보할삽입(보할/칸수)

(세부보할 기입시 뒤쪽으로 갈수록 크게 기입)

바. 주간, 월간 누계 삽입

사. 그래프 삽입

③ 첨부서류

가. 공사계획신고서

나. 공사계획서

· 도면참조하여 작성 / 발전기 도면만 업체에 요청

다. 감리배치확인서

라. 전기도면(전체도면 : 부하까지 해당)

마. 각종 계산서(변압기, 발전기, 접지, 부하, 트레이 등등)

바. 기술 시방서(특기, 일반, 표준 시방서)

사. 공정표

아. 고장전류 계산서

자. 접지설계도면

· 계통도/평면도/접지상세도/대지저항 측정표

· 접지설계결과서/접선의 단면적 선정 계산서

(4) 사용전점검 (저압)

① 한국전력공사에 전기사용신청서 접수하면 전산으로 한국전기안전공사로 사용전점검이 자동 접수

· 2~3일 후 한국전기안전공사와 통화하여 단선결선도 제출 후 점검날짜 확정

(5) 사용전점검 (고압)

검사시기 (대부분의 신축건축물 2회 검사)

(6) 인원/장비 투입계획

공정표를 기준으로 하여금 투입계획 기입

(7) 실행내역서 작성

① 자재비 예상투입금 작성
- 해당 업체에 견적의뢰하여 진행

② 노무비 예상투입금 작성
- 공사기간내 투입되는 인원 및 급여
- 공사기간 1년이상 일 경우 퇴직금
- 외주공사로 진행되는 부분 별도 정리

③ 경비 작성
- 식대 및 간식비
- 숙소 필요시 월세 및 관리비
- 유류대 및 차량수리비
- 현장사무실 및 창고 임대비 / 관리비
- 장비사용료
- 현장 운영비
- 대관업무비
- 각종 인허가 및 검사비

6. 자재 승인

(1) 첨부서류 (건설사 담당자에게 제출

① 공문(자재공급승인"000"제출건)
② 자재공급원 승인 요청서
③ 품질판정내역서(요구시 : 기준에 대한 평가기준표기)
④ 사업자등록증, KS표시 허가증
⑤ 국세, 지방세 완납증명
⑥ 시험성적서(최근 2개년간 : 국가기관시험성적서, KS품은 자체)

⑦ 납품실적서

⑧ 시험성과 대비표(KS 상세 평가기준)

⑨ 품질판정각서

⑩ 카다로그

※ 대부분의 회사에서 발행하는 지명원/카다로그에 위의 자료가 있습니다. 없는 항목에 대해서 별도로 첨부하여 제출합니다.

7. 자재 검측

(1) 검측요령

① 자재 하차 전 사진촬영 (차량번호, 제품 포함해서 촬영)

② 자재 수량 확인(구매의뢰서와 거래명세서 대조)

③ 자재 검수 모습 촬영(KS합격기준에 의거 검수)

- 겉모양, 외관, 내경, 외경, KS인증여부, 시험성적서외

④ 자재검측서 기록 및 관리

- 검측서 기록대장 작성
- 거래명세서 첨부
- 사진첩 첨부

⑤ 경비원 입고 확인필 도장 날인받을 것

⑥ 자재수불부 별도 정리하여 관리

- 현장에 투입되는 주요 자재만 정리하여 기록
  (계약/청구/입고/미입고/잔여(계약-입고)/비고)

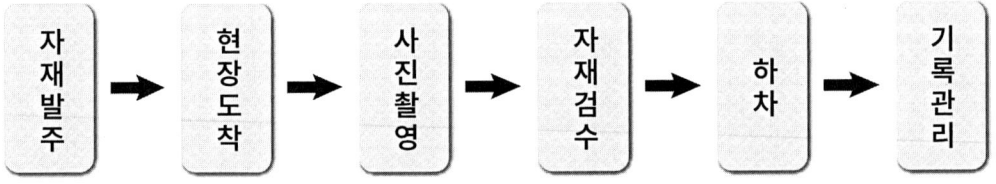

(2) 흐름도

자재발주 → 현장도착 → 사진촬영 → 자재검수 → 하차 → 기록관리

8. 시공 검측

(1) 검측요령

① 검측요청서 작성
- 위치 및 공종 / 검측 부위 기재

② 검측 체크리스트 작성
- 공종에 맞는 검측 체크리스트 기재
- 체크리스트 검사자는 시공사, 감독자(감리자) 기재

③ 공사 참여자(기능공 포함) 실명부 작성
- 현장대리인, 참여 근로자 기입 및 서명

④ 시공검측 사진 작성
- 사진대지 작성하여 기재
- 공종 / 장소 / 내용 / 일자 기재

⑤ 검측 2일전 감독부서에 제출

⑥ 검측 후 다음 공사 진행

⑦ 검측한 부분에 대해서만 기성청구 가능

(2) 흐름도

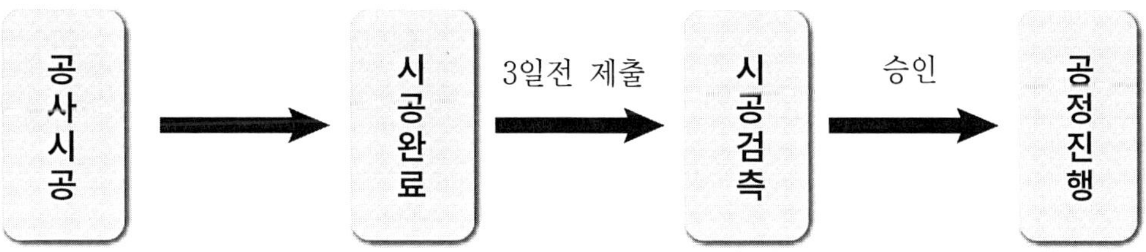

9. 기성신청

(1) 첨부서류

① 기성내역서(도급/전회/금회/누계/잔여)

② 기성산출물량(수량산출서,노임산출서)

③ 기성사진 (전,후 : 동일장소에서 촬영)
- 시공검측요청시 촬영한 사진 활용

④ 기성도면(기성부분 : 적색으로 표기)

⑤ 산업안전 보건관리비 사용내역서

⑥ 4대보험 정산서류(기성 청구시)
- 국민건강/장기요양/국민연금 월별납부확인서
- 산재, 고용보험 가입/완납증명서
- 국민건강/국민연금 완납증명서

⑦ 퇴직공제부금 정산서류(기성 청구시)

⑧ 신청시기 : 매월 25일 제출

(2) 흐름도

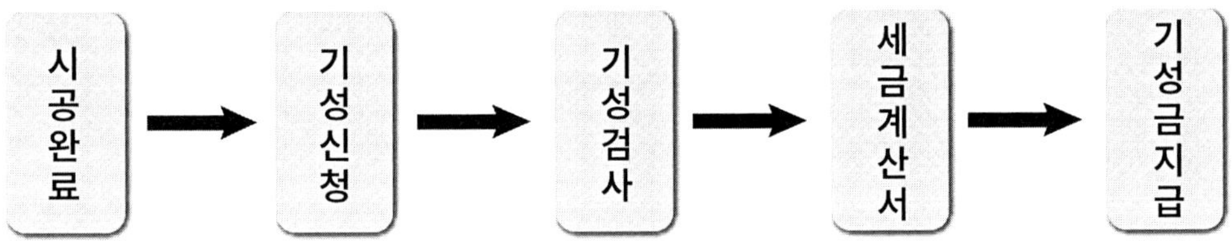

10. 준공정산

(1) 첨부서류

① 설계변경사유서
- 관련법규 및 발주처 / 감독관 작업 지시서 근거
- 자연재해 및 공사방법 변경으로 인한 변경
- 타 분야 변경으로 인한 변경

② 설계변경 내역서
- 기존 품목의 자재비/노무비는 기존 단가 적용
- 신규 품목에 대해서는 비고란에 "신규" 라고 표기
- 변경전(당초), 변경후(변경), 증·감 표시

③ 노임산출 근거
- 정부 품셈 기준으로 작성
- 변경전(당초,) 변경후(변경), 증·감 표시

④ 수량산출서 (수량집계표-세부산출서)
- 회로별 산출내역서 정리
- 부하에서 메인으로 산출
- 할증 대상 품목은 집계표에서 할증 적용
- 변경전(당초), 변경후(변경), 증·감 표시

⑤ 일위대가서 (동일한 공정이 반복적으로 진행시)

⑥ 단가비교표

- 낙찰율 적용
- 물가정보, 거래가격, 물가자료, 가격정보중 2개이상 입력
- 물가정보지에 없는 품목에 대해서 견적처리(3개사)

11. 공사준공

(1) 제출서류

① 준공내역서

② 준공도면

③ 준공사진 (전,후 : 동일한 장소에서 촬영)

④ 4대보험 정산서

⑤ 하자증권

⑥ 각종필증

[별첨5-73] 설계변경 내역서

준 공 정 산 설 계 변 경 내 역 서

공 사 명 : 고덕강일공공주택지구 13단지 아파트 전기공사

계 약 금 액 : 일 금 일백일억오천삼백삼십사만이천 원정 (₩10,153,342,000)

정 산 금 액 : 일 금 감 이억일천칠백삼십사만이천 원정 (₩-217,342,000)

최 종 금 액 : 일 금 구십구억삼천육백만 원정 (₩9,936,000,000)

2022 . 02 . .

감독확인

수 급 자 (대 표) 주 소 :
상 호 :
대 표 이 사 :

수 급 자 (공동도급) 주 소 :
상 호 :
대 표 이 사 :

서울주택도시공사 사장 귀하

에너지기술 사업처 처장		전기사업부 부장		담당자		설계	2022 년 02 월 일
						심사	2020 년 02 월 일

변 경 설 계 서 (준공 정산)

● 공 사 명 : 고덕강일공공주택지구 13단지 아파트 전기공사 (단위 : 원)

구 분		계 약 금 액	정 산 금 액	최 종 금 액
총 공 사 비		10,153,342,000	- 217,342,000	9,936,000,000
도급액	공 사 원 가	9,936,478,227	- 217,342,000	9,719,136,227
	매 입 세	195,949,087	-	195,949,087
	부 가 가 치 세	4,414,686	-	4,414,686
	전기안전관리위탁용역비	16,500,000	-	16,500,000
	계	10,153,342,000	- 217,342,000	9,936,000,000
지 급 자 재 비				-
이 설 비				-

준공정산공사원가계산서(전기+소방)

공 사 명 : 고덕강일공공주택지구 13단지 아파트 전기공사

구분	계약금액 합계 총계	계약금액 합계 전기	계약금액 합계 소방	계약금액 아파트 전기	계약금액 아파트 소방	계약금액 근린생활 전기	계약금액 근린생활 소방	정산금액 합계 총계	정산금액 합계 전기	정산금액 합계 소방	정산금액 아파트 전기	정산금액 아파트 소방	정산금액 근린생활 전기	정산금액 근린생활 소방	최종금액 합계 총계	최종금액 합계 전기	최종금액 합계 소방	최종금액 아파트 전기	최종금액 아파트 소방	최종금액 근린생활 전기	최종금액 근린생활 소방	구성비	비고
순공사원가 / 재료비 / 직접재료비	[illegible]	[illegible]	258,628,609	[illegible]	257,302,850	2,964,394	1,325,759	-4,228,835	-4,228,835		-4,228,835				[illegible]	[illegible]	258,628,609	[illegible]	257,302,850	2,964,394	1,325,759		
재료비 [소계]	[illegible]	[illegible]	258,628,609	[illegible]	257,302,850	2,964,394	1,325,759	-4,228,835	-4,228,835		-4,228,835				[illegible]	[illegible]	258,628,609	[illegible]	257,302,850	2,964,394	1,325,759		
노무비 / 직접노무비	[illegible]	[illegible]	886,668,357	[illegible]	882,000,234	17,308,207	4,668,123								[illegible]	[illegible]	886,668,357	[illegible]	882,000,234	17,308,207	4,668,123		
간접노무비	332,960,608	268,233,819	64,726,789	266,970,320	64,386,017	1,263,499	340,772								332,960,608	268,233,819	64,726,789	266,970,320	64,386,017	1,263,499	340,772	<직접노무비> × 7.3%	
노무비 [소계]	[illegible]	[illegible]	951,395,146	[illegible]	946,386,251	18,571,706	5,008,895								[illegible]	[illegible]	951,395,146	[illegible]	946,386,251	18,571,706	5,008,895		
경비 / 기계경비	2,141,556	2,141,556		2,140,964		592									2,141,556	2,141,556		2,140,964		592			
산재보험료	169,116,749	130,621,629	38,495,120	[illegible]	38,302,537	763,209	192,583								169,116,749	130,621,629	38,495,120	[illegible]	38,302,537	763,209	192,583	<노무비> × 4.05%	
고용보험료	42,578,360	34,301,225	8,277,135	34,139,651	8,233,559	161,574	43,576								42,578,360	34,301,225	8,277,135	34,139,651	8,233,559	161,574	43,576	<노무비> × 0.87%	
국민건강보험료	89,739,266	72,201,873	17,537,393	71,850,789	17,452,610	351,084	84,783	-10,993,146	-10,993,146		-10,993,146				78,746,120	61,208,727	17,537,393	60,857,643	17,452,610	351,084	84,783	<직접노무비> × 1.7%	
노인장기요양보험료	6,622,755	5,328,497	1,294,258	5,302,587	1,288,002	25,910	6,256								6,622,755	5,328,497	1,294,258	5,302,587	1,288,002	25,910	6,256	<국민건강보험료> × 7.38%	
국민연금보험료	131,441,633	105,754,509	25,687,124	105,240,275	25,562,941	514,234	124,183	-42,003,113	-42,003,113		-42,003,113				89,438,520	63,751,396	25,687,124	63,237,162	25,562,941	514,234	124,183	<직접노무비> × 2.49%	
퇴직공제부금비	104,905,395	84,512,025	20,393,370	84,113,936	20,286,004	398,089	107,366	-50,140,395	-50,140,395		-50,140,395				54,765,000	34,371,630	20,393,370	33,973,541	20,286,004	398,089	107,366	<직접노무비> × 2.3%	
산업안전보건관리비	169,998,566	142,519,608	27,478,958	141,835,811	27,341,368	683,797	137,590	-53,269,171	-53,269,171		-53,269,171				116,729,395	89,250,437	27,478,958	88,566,640	27,341,368	683,797	137,590	(<재료비+직노+지급(관급)자재>(1.1)×1.97%)	
기타경비	454,700,609	371,208,970	83,491,639	369,722,979	83,054,548	1,485,991	437,091								454,700,609	371,208,970	83,491,639	369,722,979	83,054,548	1,485,991	437,091	<재료비+노무비> × 6.9%	
경비 [소계]	[illegible]	968,589,292	222,654,997	964,204,812	221,521,569	4,384,480	1,133,428	-156,405,825	-156,405,825		-156,405,825				[illegible]	812,183,467	222,654,997	[illegible]	221,521,569	4,384,480	1,133,428		
계	[illegible]	[illegible]	[illegible]	[illegible]	[illegible]	25,920,580	7,468,082	-160,634,660	-160,634,660		-160,634,660				[illegible]	[illegible]	[illegible]	[illegible]	[illegible]	25,920,580	7,468,082		
일반관리비	256,776,569	209,498,171	47,278,398	208,642,792	47,031,952	855,379	246,446	-5,161,390	-5,161,390		-5,161,390				251,615,179	204,336,781	47,278,398	203,481,402	47,031,952	855,379	246,446	계 × 3.3%	
이윤	691,286,120	558,161,645	133,124,475	555,566,185	132,428,100	2,595,460	696,375	-17,073,178	-17,073,178		-17,073,178				674,212,942	541,088,467	133,124,475	538,493,007	132,428,100	2,595,460	696,375	<노무비+경비+일반관리비> × 10.9%	
공급가액 / 원설계	[illegible]	[illegible]	[illegible]	[illegible]	[illegible]	28,371,419	8,410,903	-182,869,228	-182,869,228		-182,869,228				[illegible]	[illegible]	[illegible]	[illegible]	[illegible]	28,371,419	8,410,903		
1회 변동 [2018.09.01]	382,777,934	311,803,067	70,974,867	310,529,431	70,604,867	1,273,636	370,000	-7,859,078	-7,859,078		-7,859,078				374,918,856	303,943,989	70,974,867	302,670,353	70,604,867	1,273,636	370,000		
2회 변동 [2019.09.01]	401,047,296	326,685,183	74,362,107	325,350,638	73,974,834	1,334,545	387,273	-8,234,171	-8,234,171		-8,234,171				392,813,119	318,451,012	74,362,107	317,116,467	73,974,834	1,334,545	387,273		
3회 변동 [2020.09.01]	227,626,270	187,216,630	40,409,640	186,561,175	40,153,276	655,455	256,364	-5,590,662	-5,590,662		-5,590,662				222,035,608	181,625,968	40,409,640	180,970,513	40,153,276	655,455	256,364		
4회 변동 [2021.03.31]	151,667,246	129,069,910	22,597,336	128,318,092	22,302,791	751,818	294,545	-6,412,292	-6,412,292		-6,412,292				145,254,954	122,657,618	22,597,336	121,905,800	22,302,791	751,818	294,545		
5회 변동 [2021.09.01]	44,188,607	35,250,396	8,938,211	34,502,214	8,645,484	748,182	292,727	-6,376,569	-6,376,569		-6,376,569				37,812,038	28,873,827	8,938,211	28,125,645	8,645,484	748,182	292,727		
공급가액 소계	[illegible]	[illegible]	[illegible]	[illegible]	[illegible]	34,135,055	10,011,812	-217,342,000	-217,342,000		-217,342,000				[illegible]	[illegible]	[illegible]	[illegible]	[illegible]	34,135,055	10,011,812		
매입세 / 원설계	169,150,889	143,420,604	25,730,285	143,420,604	25,730,285										169,150,889	143,420,604	25,730,285	143,420,604	25,730,285			재료비 × 13%	
1회 변동 [2018.09.01]	7,329,702	6,197,569	1,132,133	6,197,569	1,132,133										7,329,702	6,197,569	1,132,133	6,197,569	1,132,133				
2회 변동 [2019.09.01]	7,679,528	6,493,362	1,186,166	6,493,362	1,186,166										7,679,528	6,493,362	1,186,166	6,493,362	1,186,166				
3회 변동 [2020.09.01]	4,995,549	4,233,825	761,724	4,233,825	761,724										4,995,549	4,233,825	761,724	4,233,825	761,724				
4회 변동 [2021.03.31]	4,916,117	4,291,908	624,209	4,291,908	624,209										4,916,117	4,291,908	624,209	4,291,908	624,209				
5회 변동 [2021.09.01]	1,877,302	1,497,786	379,516	1,497,786	379,516										1,877,302	1,497,786	379,516	1,497,786	379,516				
매입세 소계	195,949,087	166,135,054	29,814,033	166,135,054	29,814,033										195,949,087	166,135,054	29,814,033	166,135,054	29,814,033				
부가가치세 / 원설계	3,778,231	2,937,141	841,090			2,937,141	841,090								3,778,231	2,937,141	841,090			2,937,141	841,090	공급가액 × 10%	
1회 변동 [2018.09.01]	164,364	127,364	37,000			127,364	37,000								164,364	127,364	37,000			127,364	37,000		
2회 변동 [2019.09.01]	172,182	133,455	38,727			133,455	38,727								172,182	133,455	38,727			133,455	38,727		
3회 변동 [2020.09.01]	91,181	65,545	25,636			65,545	25,636								91,181	65,545	25,636			65,545	25,636		
4회 변동 [2021.03.31]	104,637	75,182	29,455			75,182	29,455								104,637	75,182	29,455			75,182	29,455		
5회 변동 [2021.09.01]	104,091	74,818	29,273			74,818	29,273								104,091	74,818	29,273			74,818	29,273		
부가가치세 소계	4,414,686	3,413,505	1,001,181			3,413,505	1,001,181								4,414,686	3,413,505	1,001,181			3,413,505	1,001,181		
전기안전관리위탁용역비	16,500,000	16,500,000		16,500,000											16,500,000	16,500,000		16,500,000					
도급액	[illegible]	[illegible]	[illegible]	[illegible]	[illegible]	37,548,560	11,012,993	-217,342,000	-217,342,000		-217,342,000				[illegible]	[illegible]	[illegible]	[illegible]	[illegible]	37,548,560	11,012,993	공급가액+매입세+부가가치세	

[별첨5-74] 준공도면 첨부

공공주택지구 13단지 아파트 전기공사

[준공도면]

[2022. 02]

순번	날짜	변경사유	담당자	날인
1				
2				
3				
4				
5				
6				
7				

기본설계		실시설계		발주		사업승인		1차변경		2차변경	

서울주택도시공사

[별첨5-75] 민수공사 준공서류 보험료 완납증명원(예시)

목 차

[별첨5-76] 고용, 산업재해보험료 가입증명원

고용보험료 산업재해보상보험 가입증명원 2022. 03.

발급번호	■ 고용보험 ■ 산재보험 가입 증명원				
사업장명					
소재지					
보험가입자(대표자)			사업자등록번호 (법인등록번호)		
사업장관리번호 (사업개시번호)	고용보험	314-81-85080-6	적용형태	☐ 개별 ☑ 일괄	
	산재보험	314-81-85080-6			
	(사업개시번호)	918-02-20192-7			
성립일자	고용보험	2008-04-07	소멸일자	고용보험	
	산재보험	2008-04-07		산재보험	
	사업개시일	2018-03-30		사업종료일	
사업의 종류	고용보험	일반전기 공사업			
	산재보험	건축건설공사			
용도	기타 ()				

※ 아래의 내용은 개별 가입된 유기공사 또는 사업개시번호의 가입내역을 확인하는 경우에만 표기됩니다.

지점명(공사장명)	고덕강일공공주택지구 13단지 아파트 전기공사		
지점주소(공사장 소재지)	[05225] 서울 강동구 고덕로 295-45 (고덕동) 강일IC주변		
사업기간(공사기간)	2018-03-30 ~ 2022-02-15	총공사금액	4,683,752,557원
원수급인상호(법인명)			
원수급인 소재지	[ ]		
발주자명	서울주택도시공사		
발주자 소재지	[06336] 서울 강남구 개포로 621 (개포동)		

위와 같이 고용·산재보험 가입내역을 증명합니다.

2022년 03월 03일

근로복지공단 평택지사장

담당자 전화번호

[별첨5-77] 고용, 산재보험료 완납 증명원

고용보험료 산재보험료 완납 증명원

2022. 03.

[별첨5-78] 4대 보험 완납 증명원

4대 보험 완납 증명원

2022. 03.

발급번호 : 1/1

사업장 4대 사회보험 완납증명서

보험구분	[V] 건강 [V] 연금 [ ] 고용 [ ] 산재		
통합납부자번호 (사업장관리번호)		사업자등록번호	
사 업 장 명			
소 재 지	서울특별시 강동구 고덕동 (고덕제1동)		

(고용/산재) 정보	※ 고용/산재 정보는 고용/산재만 신청한 경우에 표시됩니다.		
건설공사명			
보험성립일		보험소멸일	
사업개시번호 및 공사명			
용 도	조달청제출용		

발급일 현재 징수유예액을 제외하고는 체납액이 없음을 확인합니다.

2022년 03월 03일

국민건강보험공단 이사장

※ 국민건강보험법 제14조, 국민연금법 제88조, 고용보험 및 산업재해보상보험의 보험료징수 등에 관한 법률 제4조 규정에 의하여 이 증명서를 국민건강보험공단에서 발급 합니다.

※ 가입(납부)이력이 있는 보험만 표출됩니다.

※ 법인사업장의 경우 동일 사업자등록번호의 모든 사업장이 가입한 건강, 연금, 고용, 산재보험료를 완납 시 발급됩니다. (고용/산재만 신청하는 경우에는 신청 사업장관리번호의 완납여부만 해당합니다.)

※ 이 증명서는 건설업 및 벌목업 등 고용, 산재보험료 자진신고 대상 사업장의 고용, 산재보험료 완납여부는 포함되지 않습니다.

※ 이 증명서는 공단 홈페이지 www.nhis.or.kr '증명서발급사실확인' 메뉴를 통해 발급 사실을 확인할 수 있습니다.(발급일로부터 90일까지) 또한 문서하단의 바코드로도 진위여부를 확인할 수 있습니다. 단, 팩스로 발급받은 경우는 이력 조회만 가능합니다.

인쇄용지(2급)

[별첨5-79] 국민, 노인, 요양보험료

국민건강, 노인장기 요양보험료

2022. 03.

발급번호 : 1/1

사업장 보험료 납부확인서

보험 구분	건강보험(건강+요양)		
사업자 명칭			
통합납부자번호 (사업장관리번호)		사업자등록번호	
회계 및 단위사업장명		개시사업장번호	

2020년 01월 ~ 2020년 12월 보험료 납부내역 (단위: 원)

구분	고지금액		납부금액	
	건강보험료	장기요양보험료	건강보험료	장기요양보험료
1월	0	0	0	0
2월	0	0	0	0
3월	0	0	0	0
4월	0	0	0	0
5월	0	0	0	0
6월	0	0	0	0
7월	0	0	0	0
8월	4,055,280	415,520	4,055,280	415,520
9월	5,476,000	561,160	5,476,000	561,160
10월	1,413,340	144,760	1,413,340	144,760
11월	4,408,800	451,780	4,408,800	451,780
12월	3,262,880	334,320	3,262,880	334,320
합계	18,616,300	1,907,540	18,616,300	1,907,540
납부 총액		20,523,840	용도	납부확인용

위와 같이 보험료를 납부하였음을 확인합니다.

2022년 03월 03일

국민건강보험공단 이사장

* 「국민건강보험법」 제14조, 「국민연금법」 제88조, 「고용보험 및 산업재해보상보험의 보험료징수 등에 관한 법률」 제4조 규정에 의하여 이 확인서를 국민건강보험공단에서 발급 합니다.
* 이 확인서는 상기 사용용도 외 다른 용도로 사용할 수 없으며, 다른 용도(재직 경력증명, 금융기관 제출 등)로 사용되어 발생한 문제에 대한 법적인 책임은 공단에 있지 않음을 알려드립니다.
* 이 확인서는 공단 홈페이지(www.nhis.or.kr) 및 건강보험 납부확인용 및 종합소득세신고용은 정부24(www.gov.kr)에서 직접 출력하실 수 있으며(공인인증서 필요), '증명서발급사실확인' 메뉴 또는 문서 하단의 바코드로 발급사실을 확인할 수 있습니다.(발급일로부터 90일까지) 단, 정부24에서 발급 받은 경우는 정부24에서만 확인이 가능합니다.
* 국민연금 납부확인용 및 연말정산용인 경우 근로자기여금, 사용자부담금, 퇴직금전환금은 연체금이 제외된 금액입니다.
* 건강보험 종합소득세신고용과 국민연금 필요경비공제용인 경우 납부금액은 납부하신 연체금과 신용카드 수수료가 포함되어 있습니다.
* 고용/산재보험 고지 및 납부금액은 보험료, 가산금, 급여징수금, 국고지원금을 합한 금액입니다.
* 위 내용은 발급일 현재 기준이며, 당일 보험료 정산, 자격변동신고, 납부취소 등의 사유로 변경될 수 있습니다.

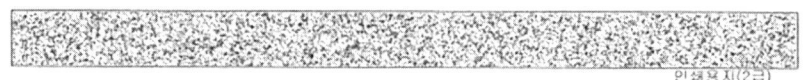

인쇄용지(2급)

[별첨5-80] 국민연금 보험료

국민연금 보험료

2022. 03.

사업장 국민연금보험료 납부확인서

발급번호		발급일자	2022-03-03	검증번호	QxMT

사업장 기본사항

사업장 관리번호		사업장 명칭	
사업자 등록번호		현재 가입자 수	0 명
사용자 성명		사용자 생년월일	
사업장 소재지	서울 강동구 고덕로 19(암사동)		

연금보험료 납부현황　2020년 01월 ~ 2020년 12월

구 분	월 수	계	연금보험료	연체금
납부할 금액	5	23,764,500	23,764,500	0
납부한 금액	5	23,764,500	23,764,500	0
납부하지 않은 금액	0	0	0	0

연금보험료 상세내역　2020년 01월 ~ 2020년 12월

고지월	납부할 금액		납부한		납부하지 않은		수납일자
			연금보험료	연체금	연금보험료	연체금	
2020/08	합계	5,472,000원	5,472,000원	0원	0원	0원	2020-09-10
	근로자기여금	2,736,000원	2,736,000원		0원		
	사용자부담금	2,736,000원	2,736,000원		0원		
	퇴직금전환금	0원	0원		0원		
	보험료지원금	0원	0원				
2020/09	합계	4,280,400원	4,280,400원	0원	0원	0원	2020-10-12
	근로자기여금	2,140,200원	2,140,200원		0원		
	사용자부담금	2,140,200원	2,140,200원		0원		
	퇴직금전환금	0원	0원		0원		
	보험료지원금	0원	0원				
2020/10	합계	3,708,000원	3,708,000원	0원	0원	0원	2020-11-10
	근로자기여금	1,854,000원	1,854,000원		0원		
	사용자부담금	1,854,000원	1,854,000원		0원		
	퇴직금전환금	0원	0원		0원		
	보험료지원금	0원	0원				
2020/11	합계	5,199,300원	5,199,300원	0원	0원	0원	2020-12-10
	근로자기여금	2,599,650원	2,599,650원		0원		
	사용자부담금	2,599,650원	2,599,650원		0원		
	퇴직금전환금	0원	0원		0원		
	보험료지원금	0원	0원				

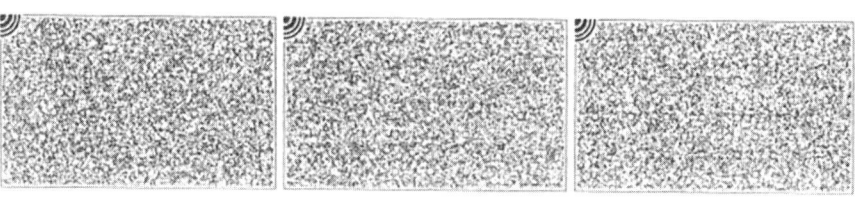

1 / 2

[별첨5-81] 퇴직공제 부금비

퇴직공제 부금비

2022. 03.

확인번호 :

공 제 부 금 납 부 확 인 서

확인공사수	부금납부총액
1	54,765.0천원

상 호			
대 표 자		법인(주민)등록번호	
주된사무소의 소 재 지			

(단위 : 천원)

공제가입번호	공제가입일	공사명	사업기간	총공사금액 [공제부금액]	부금납부액 [확인기간]	신고내역대비 미납부액 [과납부액]	발주자명
18-01101-0870	2018-04-18	고덕강일공공주택지구 13단지 아파트 전기공사	2018-03-30 2022-01-21	8,581,360 (99,906)	54,765.0 [2017-01-01~2022-03-03]	0.0 [0.0]	서울주택도시공사

※ 부금납부금액은 정상 처리된 납부금액으로 신고내역대비 미납부(과납부)액은 포함되지 않음.

- 이 하 여 백 -

공제부금납부내역을 위와 같이 확인합니다.

건설근로자공제회 이사장(인)

※ 1. 부금납부액은 발급일 현재 (2022년 03월 03일 16시 26분 04초) 기준금액입니다.
2. 본 확인서는 인터넷으로 발급되었으며 공제회홈페이지(www.cwma.or.kr)에서 상단의 확인번호로 원본을 확인하시기 바랍니다.
3. 납부확인서 발급일 이후 공제가입사업주의 근로내역신고 정정 등으로 인해 부금납부액이 변경될 수 있습니다.
4. 부금납부액에는 근로내역신고와 부금납부액 불일치등으로 인하여 근로내역신고가 처리되지 않은 금액은 포함되지 않습니다.

1/1 (2022년 03월 03일 16시 26분 04초)

[별첨5-82] 산업안전보건 관리비 사용내역서

산업안전보건 관리비

2019. 10.

○○○○(주), ○○○(주)

산업안전보건관리비 사용내역서(2019년 10월)

업 체 명		공 사 명	고덕강일공공주택지구 13단지 아파트 전기공사
소 재 지		대 표 자	
공 사 금 액	₩8,581,360,202	공 사 기 간	2019. 09. 17 ~ 2021. 10. 10.
발 주 자	서울주택도시공사	누계공정율	0.00%
계 상 된 안전관리비	₩ 163,761,484		

사 용 금 액						
항 목	계획금액		당월사용금액		누계금액	
	금 액	비 율	금 액	비 율	누계금액	비 율
계	164,250,000	100.30%	3,578,120	2.18%	3,578,120	2.18%
1. 안전관리자 등 인건비 및 각종 업무수당등	-	0.00%	-	0.00%	-	0.00%
2. 안전시설비등	31,000,000	18.93%	569,400	0.35%	569,400	0.35%
3. 개인보호구 및 안전 장구 구입비 등	110,220,000	67.31%	1,521,520	0.93%	1,521,520	0.93%
4. 안전진단비 등	-	0.00%	-	0.00%	-	0.00%
5. 안전보건교육비 및 행사비 등	10,500,000	6.41%	-	0.00%	-	0.00%
6. 근로자 건강관리비 등	7,096,000	4.33%	1,487,200	0.91%	1,487,200	0.91%
7. 건설재해예방 기술 지도비	5,434,000	3.32%	-	0.00%	-	0.00%
8. 본사 사용비	-	0.00%	-	0.00%	-	0.00%

「 건설업 산업안전보건관리비 계상 및 사용기준」 제10조 제1항의 규정에 의하여 위와 같이 사용내역서를 작성하였습니다.

2019 년 10 월 31 일

작성자 직책 : 현 장 대 리 인 성 명 :

안전관리비 사용현황

2019년 10월분

업 체 명	세부항목	사 용 금 액			비고
		전월 누계금액	당월 금액	누계 금액	
기룡전기㈜	1. 안전인건비	-	-	-	
	2. 안전시설비	-	569,400	569,400	
	3. 개인보호구	-	1,521,520	1,521,520	
	4. 안전진단비	-	-	-	
	5. 안전교육비	-	-	-	
	6. 건강진단비	-	1,487,200	1,487,200	
	7. 건설재해예방 기술지도비	-	-	-	
	8. 본사 사용비	-	-	-	
	계	-	3,578,120	3,578,120	

항목별 사용내역서

항 목	사용일자	사용내역			금 액
1)안전관리담당자 인건비 및 각종 업무수당 등					-
					-
소 계					-
2)안전시설비 등	2019년10월24일	무재해기록판	1	195,000	195,000
		안전블라인드 커튼	6	62,400	374,400
					-
					-
					-
					-
					-
					-
					-
					-
소 계					569,400
3)개인보호구 및 안전장구 구입비	2019년10월24일	안전화	10	78,650	786,500
		안전화	2	91,260	182,520
		안전모	10	6,500	65,000
		밴드각반	50	1,300	65,000
		안전벨트	10	31,200	312,000
		안전모걸이 4구	4	8,450	33,800
		황사마스크	100	767	76,700
					-
					-
소 계					1,521,520
4)안전진단비등					-
소 계					-
5)안전보건 교육비 및 행사비					-
					-
					-
소 계					-
6)근로자 건강관리비	2019년10월24일	구급함	1	135,200	135,200
		안전화 건조기	1	1,352,000	1,352,000
					-
					-
					-
					-
소 계					1,487,200
7) 건설재해예방 기술지도비					-
소 계					-
합 계					W 3,578,120

[별첨5-83] 사용검사 확인증

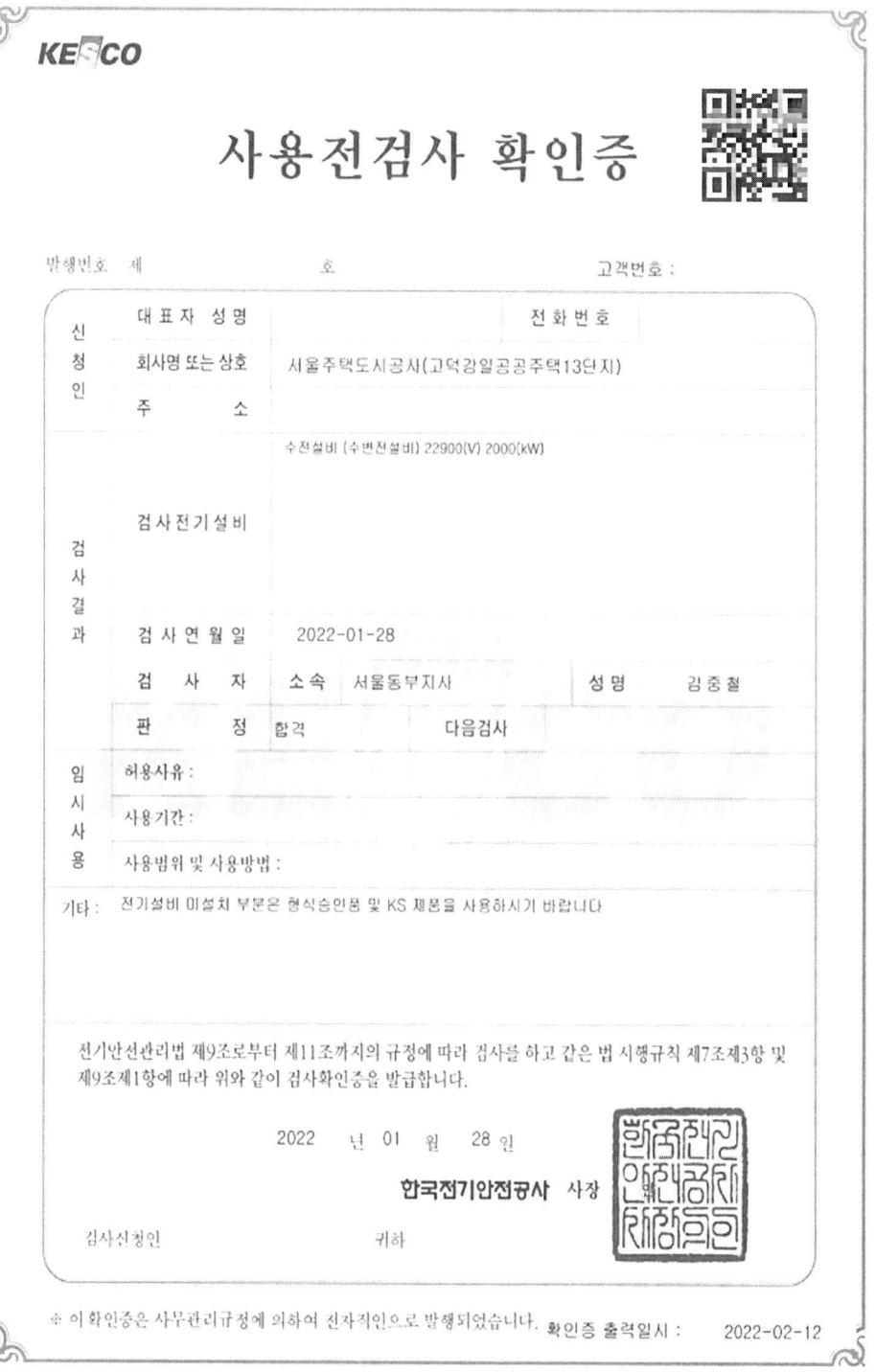

KESCO

사용전검사 확인증

발행번호 제 호 고객번호 :

신청인	대표자 성명		전화번호		
	회사명 또는 상호	서울주택도시공사(고덕강일공공주택13단지)			
	주 소				
검사결과	검사전기설비	수전설비 (수변전설비) 22900(V) 2000(kW)			
	검사연월일	2022-01-28			
	검 사 자	소속	서울동부지사	성명	김중철
	판 정	합격	다음검사		
임시사용	허용사유 :				
	사용기간 :				
	사용범위 및 사용방법 :				

기타 : 전기설비 미설치 부분은 형식승인품 및 KS 제품을 사용하시기 바랍니다

전기안전관리법 제9조로부터 제11조까지의 규정에 따라 검사를 하고 같은 법 시행규칙 제7조제3항 및 제9조제1항에 따라 위와 같이 검사확인증을 발급합니다.

2022 년 01 월 28 일

한국전기안전공사 사장

검사신청인 귀하

※ 이 확인증은 사무관리규정에 의하여 전자직인으로 발행되었습니다. 확인증 출력일시 : 2022-02-12

[별첨5-84] 전기안전관리자 선임 신고 증명서

■ 전기안전관리법 시행규칙 [별지 제18호서식]

1 / 1 Page

전기안전관리자 선임(변경)신고 증명서

[□ 상주 ■ 위탁사업자(전기안전관리전문, 시설물관리전문)]

업체코드					
(변경) 신고인 (상주) □ 전기사업자 □ 자가용전기설비의 소유자점유자	법인(사업자)등록번호		회사명 또는상호		
	주소 또는 소재지				
	대표자 성명		전화번호		
(위탁사업자) ■ 전기안전관리전문 □ 시설물관리전문	업등록번호또는 법인(사업자)등록번호	제2011-65호	회사명또는상호	한국전기안전써비스(주)	
	주소 또는 소재지	(05706) 서울특별시 송파구 오금로36길 60 (가락동 46-14)			
	대표자 성명	이병재외	전화번호	02-449-0771	

전기설비	설치장소의주소	(05223) 서울특별시 강동구 상일동 산2-3			
	수전설비	용량	2,000 kW	전압	22,900 V
		계약종별	주택상용	사용개시일	2021.11.22
	발전설비	상용		전압	
		비상용	550 kW	전압	380 V
		신에너지및재생에너지 태양에너지	191.97 kW	전압	380 V
		신에너지및재생에너지 연료전지		전압	
		신에너지및재생에너지 기타		전압	
	송변배전설비	용량		전압	
	그 밖의 설비 (심야·휴지 설비 등)	용량		전압	
		용도		휴지기간	
		용량		전압	
		용도		휴지기간	

	성명	생년월일	기술자격사항	선임일자	구분
전기안전관리자		73.05.13	전기기사	2021.11.22	관리사 (전기)

변경사항	변경 전	변경 후	변경일
회사명또는상호			
대표자 성명			
전기설비 설치장소의주소			
전기설비의 용량 또는 전압			

「전기안전관리법」 제23조제2항 및 같은 법 시행규칙 제34조제4항 · 제35조제3항에 따라 전기안전관리자의 선임신고를 마쳤음을 증명합니다.

2021 년 11 월 22 일

한국전기기술인협회장

2021-11-22 15:36 한국전기안전써비스(주) ◆ www.keea.or.kr에서 발급서류 진위여부 확인 가능(발급일 90일이내)

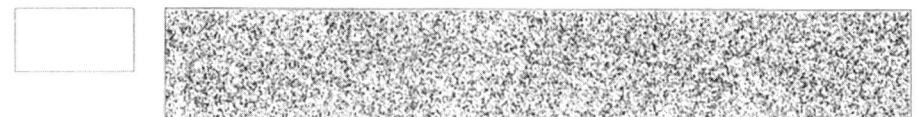

[별첨5-85] 사용전검사 실시 확인서

사용전검사(자가용) 검사 실시 확인서

발행번호		고객번호	
대표자 성명	김세용	검사일자	2021.12.10
회사명 / 상호	서울주택도시공사(고덕강일공공주택13단지)	검사결과	부분합격
주소	서울 강동구 상암로79가길 3 (상일동)	검사자	
검사대상 전기설비	수전설비 22900(V) 2000(kW)	신청인	
		재검사기간☐ 임시사용기간☐	까지

통지내용(불합격☐, 부분합격[V], 임시사용☐)	조치방법 및 관련근거

<참고사항> 산업구분: (3)공동주택 차기검사일:

계도, 권장사항 : 금회 검사분 이외 전기설비는 사용전 검사를 실시 후 사용바랍니다.

검사실시 전 회의 내용	검사실시 후 회의 내용
○ 전기설비 검사목적 및 내용, 절차 등 설명 ○ 입회자 검사협조 및 개폐기 조작 등 안전작업수칙 준수 ○ 검사 전 엘리베이터, 전산 · 통신 · 보안장비 등 사전안전조치 안내 ○ 비상용 예비발전기 가동 시 과전압 보호에 대한 안내 ○ 전기설비 시험 및 조작 시 고장기기의 부동작 가능성 안내	○ 검사결과에 대한 자세한 설명과 개 · 보수 사항 안내 ○ 전기설비 원상복구 등 이상 유 · 무 확인 ○ 검사판정 결과에 대한 리콜(Recall)제도 안내 ○ 검사실시 후 인터넷통신, 엘리베이터, 전산 및 보안장비 등의 전원공급(복전)시 장애가 발생할 수 있으니, 관련업체에 연락하여 필요한 조치를 받도록 안내

☐ 개인정보 수집 · 이용 및 위탁에 따른 업무 협조 안내

한국전기안전공사는 전기설비 검사업무 및 사후관리업무를 위해 최소한의 개인정보를 수집 · 이용 및 위탁하고 있습니다.
개인정보 수집 · 이용 및 위탁에 동의를 거부할 수 있으며, 거부할 경우 각종 사후관리 안내와 검사정보를 받지 못할 수 있음을 알려드립니다.

입회자소속(상호)	직책	성명	전화번호(Mobile)	E-mail
서울주택도시공사	부장			
(주)				
(주)	부장			
(주)	상무			

<개인정보 수집 · 이용 동의(필수)> 개인정보보호법 제 15조

목 적 : 전기설비 검사업무 및 사후관리 업무
수집항목 : 입회자소속(상호) · 직책 · 성명 · 전화번호(Mobile) · E-mail
보유 및 이용기간 : 준영구

<개인정보 위탁 동의> 개인정보보호법 제 17조

수 탁 자 : 한국전기안전공사 홈페이지 개인정보처리방침에 게시
위탁업무 : 콜센터를 통한 사후관리업무
위탁기간 : 콜센터 계약기간 동안 위탁(홈페이지 개인정보처리방침에 게시)

수집 · 이용 [V]		성명	서명	위탁 제공 [V]		성명	서명
동의함 [V]	동의하지 않음 ☐			동의함 [V]	동의하지 않음 ☐		
동의함 ☐	동의하지 않음 [V]			동의함 ☐	동의하지 않음 [V]		
동의함 [V]	동의하지 않음 ☐			동의함 [V]	동의하지 않음 ☐		
동의함 [V]	동의하지 않음 ☐			동의함 [V]	동의하지 않음 ☐		

- 1. 한국전력공사에 전기공급 요청시는 본 확인서를 제시하여 주시기 바랍니다.
  2. 우리 공사는 검사와 관련하여 금품수수 및 향응제공 등 부조리 행위는 일체 배격하고 있사오니 협조하여 주시기 바라며, 검사과정에서의 애로사항 및 불편한 점에 대해서는 연락주시면 최선을 다해 도와 드리겠습니다. (본사 감사실 : 063-716-2724)
  3. 검사확인증은 우리공사 전기안전여기로(http://safety.kesco.or.kr)에서 고객번호로 출력이 가능하며, 검사측정자료를 요청 하실 경우에는 사본을 제공하여 드립니다.

(전화 : 전국대표 1588-7500, 서울지역본부 서울동부지사 : 0264886400)

KESCO 한국전기안전공사 KOREA ELECTRICAL SAFETY CORPORATION 사장

[별첨5-86] 전기설비공사계획 신고 수리 확인증

KESCO

전기설비 공사계획 신고(변경신고) 수리 확인증

발행번호 제 호 고객번호 :

대 표 자 성 명		전 화 번 호	
회사명 또는 상호	서울주택도시공사(고덕강일공공주택13단지)		
주 소	서울 강동구 상암로79가길 3 (상일동) 산2-3		
수전전압 및 최대전력	22,900V 2,000kW 수전설비		
공사계획 신고내용	수전설비 자가용(수전) 수변전설비 수전설치 비상용 예비전원 자가용(발전) 내연력발전 발전설치		
	비고		
	준공예정일		
감리자			

전기안전관리법 제8조2항 및 같은 법 시행규칙 제4조제2항의 규정에 따라 위와 같이 확인서를 발급합니다.

2021 년 08 월 25 일

한국전기안전공사 사장

신고인 김세용 귀하

※ 이 확인증은 사무관리규정에 의하여 전자직인으로 발행되었습니다.

[별첨5-87] 하자보수보증서

발급확인번호

하자보수보증서

(용도 : 전자보증서확인용)

ECFC

보증서번호 제 호

보 증 금 액	•일억오천일백이십칠만칠천팔백구원정	₩ 151,277,809•
도 급 금 액	•오십억사천이백오십구만삼천육백구원정	₩ 5,042,593,609•
계 약 명	고덕강일공공주택지구 13단지 아파트 전기공사(아파트-임대)	

보 증 기 간	2022년 04월 15일	부터	2025년 04월 14일	까지
책 임 기 간	2022년 04월 15일	부터	2025년 04월 14일	까지

계 약 일	2018년 03월 27일	계약이행기일	2022년 02월 15일
채 무 자			
보증채권자	서울주택도시공사		
특 기 사 항	※이 보증서는 전자보증서로 발급되었음을 확인하는 용도로만 사용이 가능하며, 보증서로서의 효력이 없음을 알려드립니다.		

위 보증금은 이 보증서에 기재된 내용과 뒷면 약관에 따라 전기공사공제조합법에 의하여 우리 조합이 이를 보증합니다.

2022년 03월 14일

서울특별시 강남구 강남대로 574

전기공사공제조합

이 사 장 백남길

보증서발급점 : 대전지점

전 화 번 호 :

주 소 : 대전광역시 [illegible] 밭대로 1289

영 업 점 장 :

◈ 1. 조합 홈페이지(www.ecfc.co.kr)의 ' 보증서발급사실 조회서비스 ' 또는 QR코드를 통해 발급사실 여부를 확인하실 수 있습니다.
2. 이 보증서에는 약관이 있으므로 약관내용을 자세히 읽어보시기 바랍니다.
3. 우리 조합의 보증서를 위·변조하는 경우 형사처벌의 대상이 되며, 조합원 자격이 상실될 수 있으니 이점 유의하여 주시기 바랍니다.

발급확인번호	보증서번호	발급일자
		2022년 03월 14일

하자보수보증약관

제1조(보증책임)
전기공사공제조합(이하 "조합" 이라 한다)은 계약자(이하 "채무자" 라 한다)가 앞면에 기재한 공사등의 사용검사 또는 검수를 받은 후 시공중 설계도서 기타 지시서와 달리 시공함으로써 하자보수책임기간내에 발생한 하자에 대하여 그 보수 이행청구를 받았음에도 이를 이행하지 아니하여(이하 "보증사고" 라 한다) 그 상대방(이하 "보증채권자" 라 한다)에게 부담하는 채무를 이 보증서에 기재된 사항과 약관에 따라 지급하여 드립니다.
제2조(보증금을 지급하지 아니하는 사유)
조합은 다음 각 호의 어느 하나에 해당하는 때에는 보증금을 지급하여 드리지 아니합니다.
1. 천재지변, 전쟁, 내란, 기타 이와 비슷한 변란으로 인 한 때
2. 보증채권자의 책임있는 사유로 인한 때
3. 보증서를 보증목적(주계약내용)이외의 용도로 사용한 때
4. 제5조제2항 또는 제7조제2항에 규정된 사유로 인한때
5. 미시공 또는 설계상 잘못으로 인하여 보증사고가 발생한 때
6. 사용상 부주의 또는 제3자에 의하여 보증사고가 발생한 때
7. 보증서 발급일 이전에 이미 보증사고가 발생한 때
제3조(보증채무의 이행한도)
① 조합은 채무자의 귀책사유로 보증사고가 발생하였을 경우 민법 제380조에 따라 제3자(이하 "하자보수업체" 라 한다)를 지정하여 하자보수의무를 이행하게 하거나 보증금을 지급합니다.
② 조합이 지급할 보증금은 이 보증서에 기재된 보증금액을 한도로 하여 당해공사등의 하자보수에 실제로 소요되는 비용으로서 일반적으로 타당하다고 인정되는 금액 또는 관계법령에서 정한 금액으로 합니다.
③ 조합이 보증한 공사가 수개의 공종으로 이루어져 하자담보책임기간이 각각 상이할 때에는 앞면에 기재된 하자보수책임기간에도 불구하고 「국가를 당사자로 하는 계약에 관한 법률 시행규칙」 제70조 제1항과 「공동주택관리법 시행령」 제36조 제1항에서 정한 하자담보책임기간 등 관련법령에서 정한 하자담보책임기간 이내로 합니다.
제4조(손해의 방지 및 경감의무)
① 보증채권자는 보증기간중 보증사고의 방지에 힘써야 하며, 보증사고가 발생한 때에는 손해의 방지와 경감에 힘써야 합니다.
② 보증채권자가 보증사고 발생후 손해의 방지 또는 경감을 위하여 조합의 동의를 얻어 지출한 필요하고도 유익한 비용은 보증금액을 초과하지 않는 범위내에서 조합이 보상하여 드립니다.
제5조(보증사고의 통지 및 보증채무의 이행청구)
① 보증채권자는 보증사고가 발생한 경우 이를 조합에 지체없이 알리고, 보증금 청구시에는 보증금 청구서와 함께 아래의 서류를 제출하여야 합니다.
1. 보증서 또는 그 사본
2. 보증사고 사유 및 그 사유를 증명할 수 있는 서류
3. 보증사고 손해액을 입증하는 서류
4. 기타 조합내규에서 정하거나 조합이 요청하는 서류등
② 보증채권자가 정당한 사유없이 보증사고의 통지 또는 보증채무의 이행청구를 게을리함으로써 증가된 금액은 지급하지 아니합니다.
제6조(보증계약의 효력상실)
이 보증계약에 관하여 아래와 같은 사유가 발생한 때에는 그 때부터 이 보증계약은 효력을 상실합니다. 그러나 서면으로 조합의 승인을 받은 경우에는 그러하지 아니합니다.
1. 보증채권자가 변경되었을 때
2. 주계약의 내용에 중대한 변경이 있었을 때
제7조(보증채무의 확인조사)
① 조합은 보증사고의 통지나 보증금 청구를 받은 경우 채무자 또는 보증채권자에 대하여 보증사고와 관련한 필요한 조사를 할 수 있습니다.
② 보증채권자는 제1항의 조사에 협조하여야 하며, 정당한 사유없이 조사에 협조하지 아니함으로써 증가된 금액은 지급하지 아니합니다.
제8조(보증금 지급)
조합은 보증금 지급에 필요한 서류를 받아 조사를 마친 후 지체 없이 지급할 보증금을 결정하고, 결정된 보증금액을 5일 이내에 지급하여 드립니다.
제9조(대위 및 구상)
① 조합이 보증금을 지급한 때에는 채무자에 대하여 구상권을 가지며, 보증채권자의 이익을 해치지 아니하는 범위내에서 보증채권자가 채무자에 대하여 가지는 권리를 대위하여 가집니다.
② 보증채권자는 제1항의 권리를 보전하거나 행사하는데 필요한 모든 서류를 조합에 제출하고 조합의 구상권 행사에 적극 협조하여야 하며, 조합이 요구하는 필요한 조치를 취하여야 합니다.
③ 조합은 보증채권자가 정당한 사유없이 제2항의 규정을 위반한 때에는 그 위반으로 취득하지 못한 금액을 보증채권자에게 청구할 수 있습니다.
제10조(양도 및 질권설정)
이 보증서는 양도 또는 질권설정을 할 수 없으며, 보증목적 이외의 용도로 사용하였을 경우에는 조합이 지급의무를 지지 아니합니다.
제11조(분쟁의 조정)
보증금 지급등에 관하여 조합과 보증채권자, 채무자, 기타 이해관계인과의 사이에 분쟁이 있는 경우에는 대한상사중재원의 조정 또는 중재법에 따른 중재로 해결할 수 있습니다.
제12조(관할법원)
이 보증에 관한 소송은 조합 및 조합의 영업점 소재지 중 보증채권자가 선택하는 법원을 합의에 따른 관할법원으로 합니다. 다만, 이를 변경하고자 하는 경우에는 이해관계인의 합의에 의하여 그 관할법원을 달리할 수 있습니다.
제13조(준거법)
이 약관에 정하지 아니한 사항은 대한민국 법령에 따릅니다.

[별첨5-88] 하자이행보증보험증권

Your Best Credit Partner
SGI서울보증
Seoul Guarantee Insurance Company

이행(하자)보증보험증권

(인터넷 발급용)

증권번호 제 100-000-2022 0100 8683 호

기본사항

보험계약자	106-81-76452 빌트조명(주) 김명식	**피보험자**	218-82-00136 서울주택도시공사	
보험가입금액	金 貳阡九百五拾壹萬五阡壹百五拾 원整 ₩29,515,150-	**보험료**	₩117,140- ■ 일시납 □ 분납	
보험기간	2022년 04월 15일부터 2025년 04월 14일까지(1,096 일간)			

보증하는 사항

보증내용	하자보증금
특별약관	1. 보험금지급특별약관 2. 신용카드이용보험료납입특별약관 본 증권에 첨부되어 있는 보통약관 및 이 보험계약에 적용되는 특별약관의 내용을 반드시 확인하여 주시기 바랍니다.
특기사항	
주계약내용	[주계약내용] 주계약명 공동주택 디자인 LED 조명기구 제작 · 구매(공동주택) 담보기간 2022년 04월 15일부터 2025년 04월 14일까지 계약체결일자 계약금액 ₩590,302,900- 보증금율 5%

알아두셔야 할 사항

1.'보증보험증권으로 보증하는 내용'이 '주계약상 보증이 필요한 내용'과 일치하는지 여부를 반드시 확인하시기 바랍니다.
2. 증권발급사실 및 보험약관, 보상심사 진행사항은 회사 홈페이지(www.sgic.co.kr)에서 확인하실 수 있습니다.

우리 회사는 이행(하자)보증보험 보통약관, 특별약관 및 이 증권에 기재된 내용에 따라 이행(하자)보증보험 계약을 체결하였음이 확실하므로 그 증으로 이 증권을 발행합니다.
본 증권은 「금융소비자 보호에 관한 법률」 등 관련 법령 및 내부통제 기준에 따라 제공됩니다.

2022년03월08일
서울보증보험주식회사
서울 종로구 김상옥로 29(연지동,보증보험빌딩)
대표이사 사 장 유 광 열

증권 발급	**대리점**	대리점명	신평강보험
		모집자 고유번호	권나림 20000477090004 (02-554-6759)
	지점	강남지점 김형빈 02-567-0021 서울 강남구 강남대로 388 12층 강남센터빌딩 (역삼동)	

대한민국 정부 인지세 200원
종로세무서장
인쇄승인 제2003-1호

SGI was rated "A+(stable)" by S&P Global Ratings

"AA"(Stable)" Fitch Ratings

한국서비스품질우수기업
산업통상자원부
(사)한국서비스진흥협회

202203080024450-0012-001

후면

(10-02-243, 2022.02.03) [증권번호 : 100-000-202201008683] [보증보험용(공통)]

보험약관 주요내용

※ 세부사항은 보험약관의 적용을 받으므로, 보험약관을 반드시 확인하시기 바랍니다.

[보상하는 손해] 서울보증보험주식회사(이하 "회사"라 합니다)는 채무자가 보험증권에 기재된 계약에서 정한 채무를 이행하지 아니하여 채권자인 피보험자가 입은 손해를 보험증권에 기재된 내용과 보험약관에 따라 보상합니다.

[보상하지 아니하는 손해] ① 회사는 피보험자의 책임있는 사유로 인하여 생긴 손해나 전쟁 · 내란 · 홍수 등과 같은 천재지변으로 인하여 보험계약자가 채무를 이행하지 못하여 생긴 손해 등은 보상하지 아니합니다.
② 「건설산업기본법」 에 따라 피보험자인 수급인이 주계약과 관련하여 계약자인 하수급인에 대한 관리의무 불이행(피보험자의 지시 · 공모, 묵인에 한함)으로 행정처분(영업정지, 과징금) 또는 벌칙(징역, 벌금, 과태료)을 받은 경우에는 보상하는 손해에도 불구하고 보상하지 않습니다.

[계약후 알릴의무] ① 보험계약을 체결한 후 아래와 같은 사실이 생긴 경우 계약자 또는 피보험자는 지체없이 서면으로 회사에 알리고 보험증권(보험가입증서)에 확인을 받아야 합니다.
1. 청약서의 기재사항을 변경하고자 할 때 또는 변경이 생겼음을 알았을 때
2. 계약자의 변경
3. 피보험자의 변경
4. 보험증권에 기재된 주계약 또는 법령상 의무의 금액, 기간 등 회사의 보험금 지급의무 발생에 중대한 영향을 미치는 사항

② 회사는 제1항에 따라 계약자 또는 피보험자가 변경사실을 통보한 경우에는 1개월 이내에 승인 여부를 결정하여 보험료를 더 받거나, 돌려드릴 수 있습니다.
③ 계약자 또는 피보험자가 제1항에 따라 변경사실을 알리지 아니하거나 회사의 승인을 받지 못한 경우에 회사는 주계약 또는 법령상의 의무를 변경시킴으로써 증가된 손해는 보상하지 않습니다.
④ 계약자는 주소 또는 연락처가 변경된 경우에는 지체 없이 이를 회사에 알려야 합니다. 계약자가 이를 알리지 않은 경우 회사가 알고 있는 최종의 주소 또는 연락처로 등기우편 방법에 의해 계약자에게 알린 사항은 일반적으로 도달에 필요한 시일이 지난 때에는 계약자에게 도달한 것으로 봅니다.

[양도] 보험의 목적의 양도는 회사의 서면동의 없이는 회사에 대하여 효력이 없으며, 회사가 서면 동의한 경우 계약으로 인하여 생긴 권리와 의무를 함께 양도한 것으로 합니다.

[손해의 방지와 경감의무] ① 보험사고가 생긴 때에는 계약자 또는 피보험자는 손해의 방지와 경감에 힘써야 합니다.
② 피보험자가 고의 또는 중대한 과실로 제1항의 의무를 게을리 한 경우, 그렇지 않았다면 방지 또는 경감할 수 있었을 손해액을 보상액에서 뺍니다.
③ 피보험자가 제1항에 따라 손해의 방지 또는 경감을 위하여 회사의 동의를 얻어 지출한 필요하고도 유익한 비용은 보험가입금액을 초과한 경우라도 회사가 보상하여 드립니다.

[소멸시효] 보험금청구권 또는 보험료반환청구권은 3년간 행사하지 아니하면 소멸시효가 완성됩니다.

[준거법] 별도의 약정이 없는 한, 약관에서 정하지 아니한 사항은 대한민국 법령을 따릅니다.

보상서비스

• 보험사고가 발생한 경우, **홈페이지(www.sgic.co.kr)** 또는 보험금청구접수부서를 통해 보험금 청구 관련 필요서류를 제출(방문 또는 우편접수가능)하시면 보상심사가 진행됩니다.

보험금청구접수부서(담당부서는 변경될 수 있습니다.)	**서울보상1센터**	**02-3671-8115**

※'보험금 청구 및 지급절차'는 이렇게 진행됩니다(신속하고 정확한 보상심사를 위해 심사자료 추가제출이 필요할 수 있습니다).

보험금 청구(인터넷, 우편,방문) ▶ 접수 & 보상담당자 지정 ▶ 보상심사 ▶ 보험금 지급여부 결정

• 'SMS' · 'e-Mail' 발송에 동의하시면, 담당부서 및 연락처, 보상심사 진행사항 등 필요한 정보를 받아보실 수 있습니다.

'보험금 청구'부터 '자료제출', '담당부서 조회' 및 '진행사항 확인'까지 인터넷을 이용하시면 편리합니다!
- 경로 : 홈페이지(www.sgic.co.kr) > 보상서비스 > 보상안내 / 보험금 청구 / 보상자료 제출

[별첨5-89]

고덕강일 공공주택지구 00단지 아파트
전기 및 정보통신공사
[1단계 준공]

설 계 설 명 서

[2022. 12.]

순 번	날 짜	변 경 사 항	담당자	날 인
1				
2				
3				
4				
5				
6				
7				

기본설계		실시설계		발주		사업승인		1차변경		2차변경	

SH 서울주택도시공사

전기, 정보통신, 소방설비계획

1. 일반사항
2. 전기설비
3. 정보통신설비
4. 방재설비
5. 신재생에너지

1. 일반사항

(1) 건축개요

① 사업명 : 고덕강일 공공주택지구 13단지 아파트 건설공사

② 대지위치 : 서울특별시 강동구 상일동 산2-3번지 일원

③ 건물규모

- 10개동, 지하2층/지상6층~22층
- 건축면적: 6,5941.16m^2
- 연 면 적: 75,184.87m^2
- 아파트

전 용 면 적(m^2)	TYPE	세 대 수	비 고
29.48	29m^2	80	국민임대
39.81	39m^2	141	
39.81	39m^{2}S	31	
49.66	49m^2	84	
소 계		336	
59.91	59m^{2}A	324	장기전세
59.49	59m^{2}B	8	
59.76	59m^{2}C	7	
소 계		339	
합 계		675	

④ 부대시설 : 관리사무소, 경로당, 보육시설, 작은도서관, 주민공동시설, 방재실, MDF실, 통신실, 경비실, 발전기실, 전기실, 기계실, 지하주차장

(2) 고덕강일 공공주택지구 13단지 조감도

(3) 전기설비 기본방향

본 건물은 공동주택과 부대시설로서 시설별 용도에 적합한 전기설비로 편리하고 쾌적한 주거환경이 되도록 다음사항을 고려하여 전기설비를 계획함.

설계방향	중 점 사 항
안 전 성	▪전기사고의 사전 예방 및 계통파급에 대한 피해구간의 최소화 ▪인적 물적 피해가 발생치 않는 안정된 시스템 구축 ▪전력계통의 전·후비 보호 및 계통보호 시스템의 안정적 구축
신 뢰 성	▪견고하고 미려하며 안정된 기능을 가진 설비 선정 ▪고효율의 기기이며 조작이 용이하고 계통이 단순한 기기 선정
경 제 성	▪최적의 용량 및 규격의 적용으로 과설비 배제 ▪에너지 절약형 고효율 장비 선정 ▪호환성 및 확장성을 고려한 경제적인 설비 선정
기 능 성	▪주위환경 및 시설 운영에 적합한 시스템 구축
운 용 성	▪효율적인 시설물 관리에 중점을 둔 기기배치 ▪전등, 전열 부하와 동력 분리 운영 및 자동절체 기능 부여 ▪보수 및 유지관리를 고려한 최신 시스템으로서 종합 계획
환경친화성	▪환경에 대한 유연한 대처 능력을 가진 시스템 구축 ▪Clean Technology의 적극적인 채용을 고려한 계획
신 기 술	▪지하주차장 지능형 LED조명 설계 ▪주차관제 시스템을 차량번호 인식(LPR)으로 설계

CHAPTER 04

공사견적실무

공사 견적실무는 설계서, 공사시방서, 자재시방서, 공사견적과 관련된 사항을 확인하고 견적서 작성에서 발주처 공사지침 및 공사구분이 중요하므로 그 내용을 정확히 확인하여 견적에 적용하고 공사자재 구입방법, 공사방법, 타 공정과 연계된 시공방법 등을 고려하여 견적서를 작성하고 공사계약시 요구사항 및 제반 공과금 등이 누락되지 않도록 견적서를 면밀하게 검토 후 공사변경 및 추가공사가 발생할 경우 발주처와 협의하여 견적에 반영할 수 있도록 작성한다.

01 공사 견적의 개념

1. 적산(積算)과 견적(見積)의 구분

(1) 적산 적산(積算)이란 설계도면, 시방서 등을 토대로 도면에 기재된 기자재의 수량을 파악하는 것이다.

(2) 견적 견적(見積)은 적산과 유사한 의미로 쓰이고 있으나 수량 파악과 더불어 이에 따른 공수, 노임, 자재비 단가 등을 적용하여 물량과 함께 금액을 산출하는 작업이다.

2. 견적의 종류

(1) 발주자의 견적

(가) 계획 예산의 견적(사업 계획 시)

(나) 발주 예정 가격 산출용 견적(공사 발주 시)

(2) 시공자의 견적

(가) 입찰 시의 견적

(나) 계약 시의 견적

(다) 실행 예산의 견적

(라) 설계 변경(정산) 공사비 견적

(3) 상세 정도에 따른 분류

(가) 개산 견적과거 규모가 유사한 완공물의 견적 자료를 참고로 개략적으로 산출하는 방법

(나) 명세(상세) 견적계약에 관계된 서류와, 설계도면, 시방서 등을 기준으로 현장의 조건을 종합적으로 검토하여 산출 근거에 의하여 상세하게 산출하는 방법

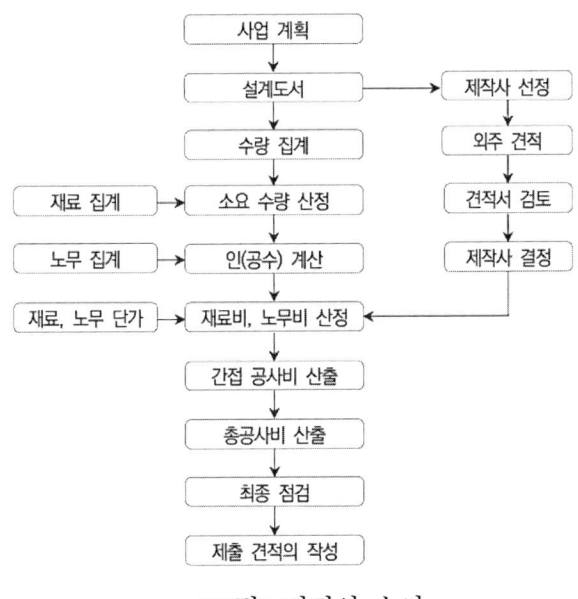

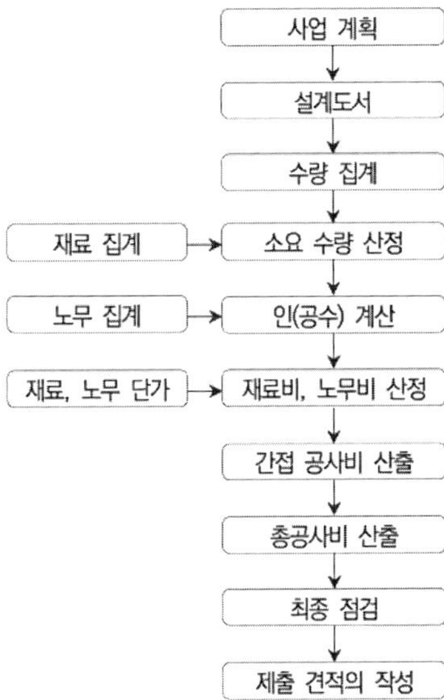

[그림] 견적의 순서

02 자재 수량 산출

1. 견적 전 준비 사항

(1) 견적 기준(발주자)견적서 발주 금액공사 예산 결정수량집계수량조서작성단가기재금액계산·내역서완성 조정입찰금액 결정(시공 회사)견적 원칙, 견적 시 유의 사항, 발주처 공사 지침 및 공사 구분 내용, 공사 특기 사항, 발주처 요구 사항 등이 포함된다.

(2) 각종 설계도서

(가) 설계도면(건축 도면 포함)

(나) 시방서, 특기 시방서, 표준 시방서

(다) 표준 상세 도면

(3) 구비 자료

(가) 시설 자재 가격 정보(조달청)

(나) 물가 정보 자료

(다) 표준 일위대가표

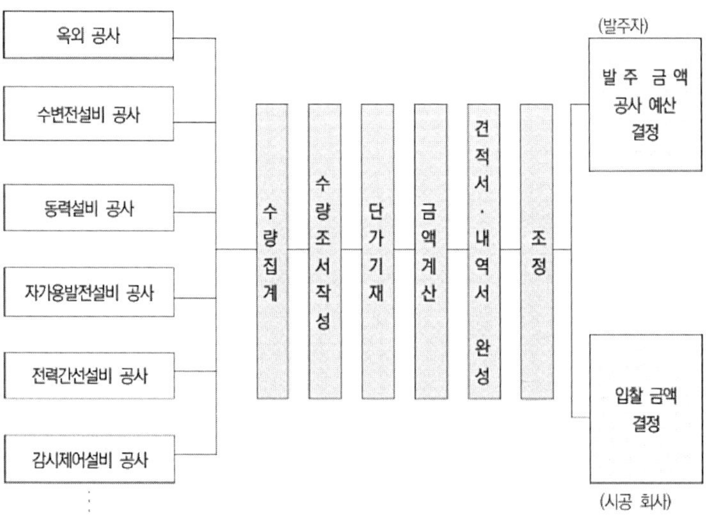

[그림] 발주·입찰 금액의 결정 과정

(라) 표준 품셈

(마) 예산 회계 관련 법규집

(바) 제작사 명부
(사) 각종 카탈로그

(4) 종류별 적산 용지

2. 수량 산출

(1) 작업 시작 전 숙지 사항

(가) 현장 위치 및 현장 상황
(나) 구조, 층수, 연면적 등 건축 개요
(다) 각층 천장고와 층고
(라) 천장, 바닥, 벽 등의 건축 마감표
(마) 도면의 이해
(바) 시방서, 표준 시방서, 관련 법규
(사) 공사 표준 일위대가 구성 이해
(아) 타 공종과의 공사 한계
(자) 내역서 공종 분류 체계

(2) 수량 산출의 원칙

(가) 수량 산출 계산은 건설 표준 품셈, 설계서 단위 및 소수위 표준, 금액 단위 표준, 수량의 환산을 기준으로 할 것
(나) 공종별 시공 순서대로 산출
(다) 수평 방향에서 수직 방향으로 산출
(라) 중복되지 않게 세부하여 산출
(마) 스케일(scale)을 혼돈하지 않을 것

(3) 스케일 방법

(가) 건물의 구조, 층고, 각 기구 및 기기의 설치 높이 등을 파악한 후 단면 그림을 그려 각 기기의 설치 높이에 따른 입상, 입하 수직 배관 거리를 표기한다.
(나) 도면의 축척을 확인한 후 수평 거리를 스케일자로 잰다.
(다) 수평 거리는 항상 배관 공사가 가능한 최단 거리를 기준으로 한다.
(라) 스케일자로 잰 실측 수평 거리를 도면상에 표기하고 수직 거리를 가산한다. (배관 거리 = 수평 거리 + 수직 거리)

(4) 수량 산출 방법

(가) 수량의 산출은 각 공종별로 산출하며 집계는 별도의 수량 산출 양식을 사용한다.

(나) 수량 산출은 회로별 또는 도면 표시 순서대로 집계한다.

(다) 배관의 수량은 배선 내용별로 산출한다.

(라) 전선 및 케이블 수량은 배관 길이에 박스 및 함내 배선 등(여장 포함)을 가산한다.

03 내역서 작성

1. 내역서의 구분

(1) 단가 등의 기재 유무에 따른 분류

(가) 물량 내역서 : 단가 및 금액이 없고, 재료의 수량 및 직종별 노무량만 기재되어 있는 내역서

(나) 산출 내역서 : 재료의 수량, 노무량은 물론 단가와 금액까지 기재되어 있는 내역서

(2) 사업 진행 단계에 따른 분류

(가) 설계 내역서

(나) 입찰 내역서

다) 계약 내역서

(라) 착공 내역서

(마) 기성 내역서

(바) 준공 내역서

2. 내역서의 구성 및 링크(link) 순서

(1) 공사비 총괄표

총공사비에 대한 공급가액, 부가 가치세, 합계액을 표기한 것

(가) 추정가격 : 관급자재와 부가가치세(VAT)를 제외한 금액

(나) 기초금액 : 원기계산에 의한 예정가격 작성준칙을 적용한 부가가치세를 포함한 금액

(다) 예정가격 : 입찰 결정기준을 위해 산정된 금액

(라) 추정금액 : 관급자재(도급자설치)를 포함한 금액

<table>
<tr><td rowspan="4">총공사비</td><td rowspan="3">추정금액</td><td rowspan="2">예정가격</td><td rowspan="2">기초금액</td><td>추정가격</td></tr>
<tr><td>부가가치세</td></tr>
<tr><td colspan="2">도급자 설치 관급자재</td><td rowspan="2">관급자재</td></tr>
<tr><td colspan="3">관급자 설치 관급자재</td></tr>
</table>

[표] 총공사비 구성 항목

(2) **원가 계산서관급자재총공사비를 구성하는 순공사비, 이윤, 일반 관리비 등을 한눈에 알아보기 쉽도록 정리하여 나타낸 것**

(3) **집계표재료비, 노무비, 경비의 내역서 항목의 집계 및 금액을 합산한 것**

(4) **내역서**

재료비, 노무비, 경비의 세부 항목을 품명, 단위, 수량, 단가, 금액의 순으로 나타낸 것

(5) **일위대가 목록일위대가의 목록에 대한 재료비, 노무비, 경비의 금액만을 정리한 것**

(6) **일위대가내역서에 모두 나타내기 어려운 자재, 장비, 단위 공종 등의 단가를 구성하는 재료비, 노무비, 경비의 세부 항목을 품명, 단위, 수량, 단가, 금액의 순으로 나타낸 것**

(7) **순공사원가의 금액 링크(프로그램 연결)**

순서일위대가 → 일위대가 목록 → 내역서 → 집계표 → 원가 계산서 → 공사비총괄표

상기 항목을 한 권으로 묶어 구성한 것을 일반적인 의미로 '산출 내역서'라 한다. 이와 더불어 물가 정보 및 물가 자료의 단가 및 거래가격 등을 대비한 '단가 대비표'를 첨부한다.

<table>
<tr><td rowspan="12">총공사비</td><td rowspan="9">총원가</td><td rowspan="7">순공사비</td><td rowspan="2">재료비</td><td>직접재료비</td></tr>
<tr><td>간접재료비</td></tr>
<tr><td rowspan="2">노무비</td><td>직접노무비</td></tr>
<tr><td>간접노무비</td></tr>
<tr><td rowspan="2">경비</td><td>직접노무비</td></tr>
<tr><td>간접노무비</td></tr>
<tr><td>소계</td><td></td></tr>
<tr><td colspan="2">일반관리비</td><td>순공사비×일반관리비율</td></tr>
<tr><td colspan="2">이윤</td><td>(노무비+경비+일반관리비)×이윤율</td></tr>
<tr><td colspan="3">손해보험료</td><td>총원가×손해보험요율</td></tr>
<tr><td colspan="3">부가가치세</td><td>(총원가+손해보험료)×10%</td></tr>
<tr><td colspan="4">관급자재</td></tr>
</table>

[표] 총공사비 총괄표

3. 품셈 적용의 기본 원칙

(1) 품셈 적용 기준

(가) 기계품(장비)순공사비 ×일반관리비율(노무비+경비+일반관리비)×이윤율총원가×손해보험요율(총원가+손해보험료)×10%관급자재건설 공사 표준품셈-토목 부문(제10장 기계화시공), 시설 자재 가격 정보, 한국 물가 자료, 물가 정보 등의 장비별 일위대가

(나) 인력품(공량)공량, 공수, 노임 단가 등의 적용 시 에 의한 표준 품셈을 적용하는 것을 원칙으로 한다.

구분	적용 기준	발행처
건축, 토목, 기계	건설 공사 표준품셈 - 건축, 토목, 기계	한국건설기술연구원
전기공사	전기공사 표준품셈	대한전기협회
통신공사	정보통신 표준품셈	한국정보통신산업연구원
시중노임단가	건설 공사 표준품셈 - 참고자료	한국건설기술연구원

[표] 공량 산출 적용 기준

(2) 수량의 계산

(가) 수량은 M.K.S 단위를 사용한다.

(나) 수량의 단위 및 소수위는 표준 품셈 단위 표준에 의한다.

(다) 수량의 계산은 지정 소수위 이하 1위까지 구하고, 끝수는 반올림(사사오입)한다.

(라) 기타 각도의 표시, 분수의 표현, 면적의 계산, 체적 계산의 원칙 등은 표준 품셈을 따른다.

4. 할증

(1) 할증의 종류

재료 할증, 야간 할증, 층수 할증, 지세별 할증, 지형별 할증, 열차 빈도 할증, 위험 할증, 특수 작업 할증, 유해 할증, 휴전 할증 등 다양한 적용 요소가 있으며, 표준 품셈의 적용 기준에 따라 중복 가산한다.

(2) 할증의 중복 가산 요령

W = 기본품 × $(1 + a_1 + a_2 + a_3 + \cdots + a_n)$

여기서, W : 할증이 포함된 품, $a_1 \sim a_n$: 품 할증 요소

5. 내역서 작성 원칙

(1) 산출 내역서는 공종별로 구분 작성각각 공종별로 구분하여 산출 내역서를 작성한다.

(2) 공사 원가 계산 제비율 적용공사 원가 계산서 작성 시 제비율(간접 노무비, 기타 경비, 일반 관리비, 이윤 등)은 조달청에서 발표하는 "공사 원가 계산 제비율"을 반영하여 산출한다.

(3) 지급 자재산출 내역서의 지급 자재 내역(수량, 금액)은 도급 예정자(시공업체 등)가 시공 또는 설치할 지급 자재와 제조 업체(납품 업체)가 설치할 지급 자재를 구분하여 표기한다.

(4) 설계서 품명, 규격의 통일품명, 규격 등은 설계도면, 시방서, 산출 내역서 간 상호 일치시켜야 한다.

(5) 세부 규격 명시

(가) 일반적으로 통용되는 재료나 공법이 아닌 특정 재료나 특정 규격일 경우에는 적정한 공사비를 적용할 수 있도록 산출 내역서의 규격 칸에 구체적인 공법 명칭, 규격을 명시해야 한다.

(나) 산출 내역서의 품명, 규격란에 재료의 물성, 시방서 및 설계도면에 명시된 규격, 마감 상태, 시공 방법(공법)을 상세하게 표기해야 한다.

(다) 1개 품목이 주문자 제작 사양에 따라 제작되는 물품은 규격서 또는 시방서에 성능 및 품질을 판단할 수 있도록 비교적 상세한 도면이나 시방서를 작성하여 적정 금액이 산정될 수 있도록 해야 한다.

(6) 복합 공사 내역

여러 물품으로 구성된 복합 공정의 경우는 세부 내역 또는 일위대가서를 작성해야 한다.

(7) 기타

산출 내역서 작성 요령, 공종별 내역 작성 원칙 등은 '조달청 시설공사 산출 내역서 작성 매뉴얼' 및 발주처가 제시하는 기준에 따른다.

견적 프로그램의 활용

최근에는 견적 프로그램을 사용한 내역서 작성이 일반화되어 있다. 즉, 도면의 수량 산출 후 자재의 품명, 규격, 수량 입력(선택) 시 공량이 자동으로 산출되며, 노무비는 상·하반기로 나누어 정부에서 공표되는 직종별 노임 단가가 자동으로 적용되어 총괄표(갑지)까지 금액이 링크되어 올라간다.

6. 원가 계산서 작성공사 원가 계산서는 총원가에 손해 보험료를 합산한 금액에 부가가치세(10%)를 합산한 총공사비를 한눈에 파악할 수 있도록 나타낸 것으로 세부 내용은 매년 발표되는 '조달청 시설공사 원가계산 제비율 적용 기준'을 토대로 작성한다.

04 자재수량 산출 및 자재산출서 작성

설계도면을 기준으로 하여 자재수량을 산출파악하고 현장에 사용할 자재수급을 원활히 하기 위하여 자재 산출서를 작성할 수 있다

05 자재 수량 산출

1. 배선 재료

(1) 건물의 층고 및 기구의 설치 높이의 결정 방법

(가) 설계 도면의 범례 및 설계 설명서를 숙지한다.

(나) 특기 사항이 없는 경우 일반적인 사항은 아래와 같다.

1) 스위치: 바닥으로부터 1.2m

2) 콘센트: 바닥으로부터 0.3m

3) 분전반: 바닥으로부터 1m(하단), 상단 1.5m

4) 등기구천장 매입 및 직부등: 천정 높이 기준벽부형 및 기타 노출형: 도면에 표시된 설치 높이 기준

(2) 배선 재료

(가) 전선관에 들어가는 전선의 종류 및 규격을 확인한다.

(나) 도면의 축척을 확인한다, 보통 도면명칭을 표시한 곳의 하단에 표시하며 실제 도면에 표시한 치수와 축척과 스케일로 재차 확인한다.

(다) 스케일을 이용하여 배선 거리를 측성한다.

1) 기구 상호 간: 각 기구의 중심선 간의 직선거리

2) 배선기구와 벽체 간 : 배선기구와 벽체의 중심선 간의 직선거리

3) 벽체와 벽체 간: 각 벽체의 중심선 간의 직선거리

4) 직선거리에 하부나 상부 오픈 공간이 있을 경우에 배관이 곤란한 경우 오픈공간부분을 피하여 거리를 산정하여야 한다.

(라) 전선관에 들어있는 전선의 총 길이는 실측된 길이에다 가닥수를 곱하여 수량을 산출한다.

(마) 전선관 없이 전선만 추가로 산출해야 하는 장소는 아래와 같다.

1) 분전반 내 배선: 0.5M

2) 배전반 내 배선: 2M

3) 배선 기구 내 배선: 0.3M

(바) 전선의 사용 장소에 따른 할증률

1) 옥외 전선: 5%

2) 옥내 전선: 10%

3) 케이블(옥외): 3%

4) 케이블(옥내): 5%

2. 전선관 및 부속품

(1) 전선관 총 길이

(가) 건물의 층고 및 각 기구의 설치높이를 확인한다.

(나) 도면의 축척을 확인한다, 보통 도면 명칭을 표시한 곳의 하단에 표시하며, 실제 도면에 표시한 치수와 축척과 스케일로 재차 확인한다.

(다) 전선관의 종류와 규격을 확인한다.

1) 후강 전선관(HI-PVC): 관의 호칭은 안지름의 근사값을 짝수로 나타낸다.

2) 박강 전선관: 관의 호칭은 바깥지름의 근사값을 홀수로 나타낸다.

(라) 스케일을 사용하여 전선관의 길이를 측정 및 부속품의 수량을 파악한다.

1) 박스 : 전선 접속함, 조명 기구, 콘센트 등의 취부에 사용

- 8각 박스 : 옥내 전등 전용이나 전선관 배관이 같은 방향으로 배관이 1개인 경우
- 4각 박스 : 콘센트 및 전선관 배관이 같은 방향으로 배관이 2개인 경우
- 스위치 박스 : 스위치가 3개 이하인 경우와 콘센트 설치용인 경우 말단에 설치할 경우

2) 부싱 및 로크너트

- 부싱 : 금속관 공사 시공 시 전선의 피복 보호용으로 사용 하며 금속관의 관 끝에 설치한다.
- 로크너트 : 박스에 금속관을 고정하거나 커플링으로 관 상호간을 접속할 때 사용한다.

3) 풀 박스 및 조인트 박스

3. 기구

(1) 조명 기구 도면에 표기된 심벌과 조명 기구 상세도에 명시된 내용이 동일하게 적용한다.
(2) 배선 기구각실 용도에 합당한 콘센트 및 스위치를 선정한다.

자재 산출서자재의 종류는 전선관, 전선, 배관 부속 자재, 배선 기구 등으로 구성된다.

06 전선관 전선 산출서 작성하기

1. 전기도면을 공사공정별 출력하여 준비한다.
2. 컴퓨터에 전원을 온(on) 한 후 준비한 자재산출서 양식을 화면에 띄운다.
3. 전선관 및 전선 물량을 산출하기 위해서 우선 전등설비 평면도를 사용하여 전선관 및 전선 물량을 도면에 표시한 축척과 동일하게 스케일을 이용하여 실측한 후 전선관 전선 물량 산출서 양식에 기재한다.
4. 전선관 및 전선산출은 아래 표2-1 양식에 표기해야 하며 배관 없이 배선만 필요한 부분을 구분하여 산출해야 한다.
5. 산출시 분전반별 회로별 구분하여 산출한다.
6. 전선관 규격 및 수량이 정확하게 산출되었는지 확인한다.
7. 전선규격 및 수량이 회로별 구분하여 산출하였는지 확인한다.

07 자재 산출서 작성하기

1. 공사 공종별 사용 자재를 품명 및 규격에 표기한다.

자재순서는 전선관, 전선, 케이블류, 배관부속품, 배선부속품, 배선기구순으로 작성하여야 한다.

2. 사용 자재 수량을 층별로 분리하여 기재한다.

사용자재산출시 검토확인을 쉽게 하기위하여 층별, 분전반별 구분하여 산출서를 작성하여야한다.

3. 자재 종류에 따른 할증을 적용하여야한다.

배관자재, 배선자재, 케이블류 등 할증이 있는 자재는 할증을 적용하여 작성하여야한다.

CHAPTER 05

시공계획서

시공 계획서

번호	구 분	내 용
1	배 부 처	
2	배 부 일	
3	관리구분	관리(○) 비관리( )
4	관리번호	

주 식 회 사 한 국

서울특별시 00구 00동 49-33

전화; (02) 000 - 2225, 팩스; (02) 000 - 2227

문서번호	시공-001	시공계획서	총페이지	2/17
개정번호	0		개정일자	
공사명 : 00도시개발사업 전기공사				

1.0 시공계획서 목차/개정기록

1.1 시공계획서 목차

문서번호	시공계획서 문서명	매수	개정일자	개정번호
시공-000	시공계획서 표지	1		0
시공-001	시공계획서 목차/개정기록	2		0
시공-002	공사개요표	2		0
시공-003	시공업체 조직표	1		0
시공-004	공사현장 조직표	1		0
시공-005	공사관련 조직표	6		0
시공-006	시공계획	2		0
시공-007	장비동원계획표	1		0
시공-008	측정기기동원계획표	1		0
시공-009	주요자재조달계획	1		0
시공-010	가설사무실 설비 계획서	1		0
비 고				

문서번호	시공-002	시공계획서	총페이지	3/17
개정번호	0		개정일자	
공사명 : OO도시개발사업 전기공사				

1.2 시공계획서 개정기록

개정일자	개정번호	개 정 내 용	계 획 서 문서번호	확 인
	0	최초제정	모 두	

문서번호	시공-003	시공계획서	총페이지	4/17
개정번호	0		개정일자	
공사명 : 00도시개발사업 전기공사				

2.0 공사개요표

2.1 공사일반

번호	구 분		내 용		
01	공 사 명		강일도시개발사업 전기공사		
02	발 주 처		SH공사		
03	위 치		서울시 강동구 강일00지구		
04	건축규모	부지면적			
		건축면적			
		연 면 적			
		층 수			
		구 조			
		최고층높이			
05	전기공사내용	가로등공사	어린이 공원등설치공사 근린공원설치공사		

문서번호	시공-004	시공계획서	총페이지	5/17
개정번호	0		개정일자	

공사명 : 00도시개발사업 전기공사

2.2 공사범위

대공종 / 소공종	주요공정	주 요 내 용	비 고
1	강일지구 가로등설치공사	케이블 : CV 6sq/1C외 89,452M 터파기 : 17,490M 가로등주 : 405본 통합폴 : 46본 제어반 : 25면	
2	강일지구 어린이공원등설치공사	케이블 : CV 6sq/1C외 4,243M 터파기 : 1,331M 공원등주: 30본 태양광공원등주 : 4본 제어반 : 4면	
3	강일지구 근린공원등설치공사	케이블 : CV 6sq/1C외 10,098M 터파기 : 3,119M 공원등주: 73본 태양광공원등주 : 4본 조명타워 : 4본 제어반 : 5면	
4	강일지구 ST BOX조명 설치공사	케이블 : HIV 6sq 외 2,327M 터파기 : 285M 조명기구 FEL 20W : 60EA 제어반 : 1면	
5	선사로~고덕지구간도로 확장전기공사 가로등설치공사	케이블 : CV 6sq/1C외 5,303M 터파기 : 1,470M 가로등주 : 32본 제어반 : 3면	

문서번호	시공-005	시공계획서	총페이지	6/17
개정번호	0		개정일자	
공사명 : 00도시개발사업 전기공사				

3.0 시공업체조직표

(본사 조직표)

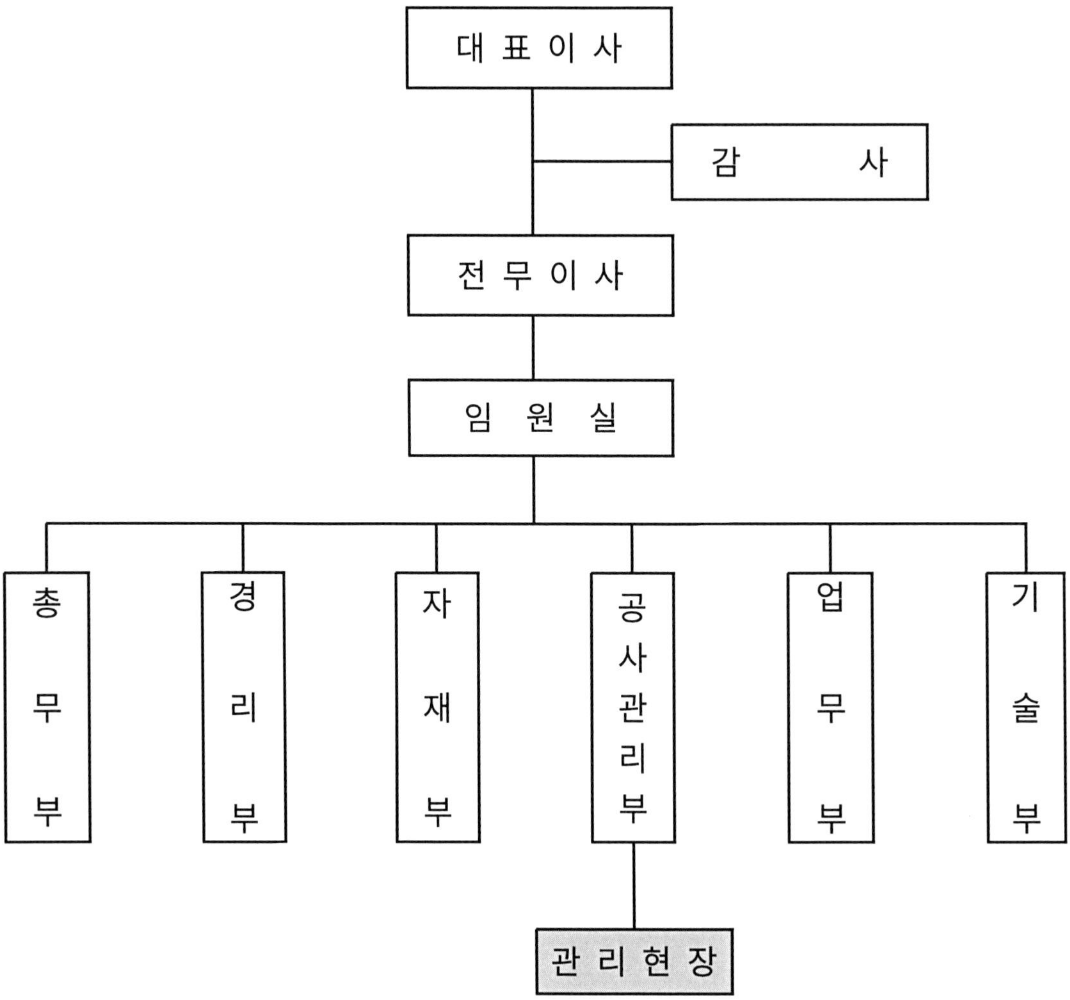

문서번호	시공-006	시공계획서	총페이지	7/17
개정번호	0		개정일자	
공사명 : 00도시개발사업 전기공사				

4.0 공사현장 조직표

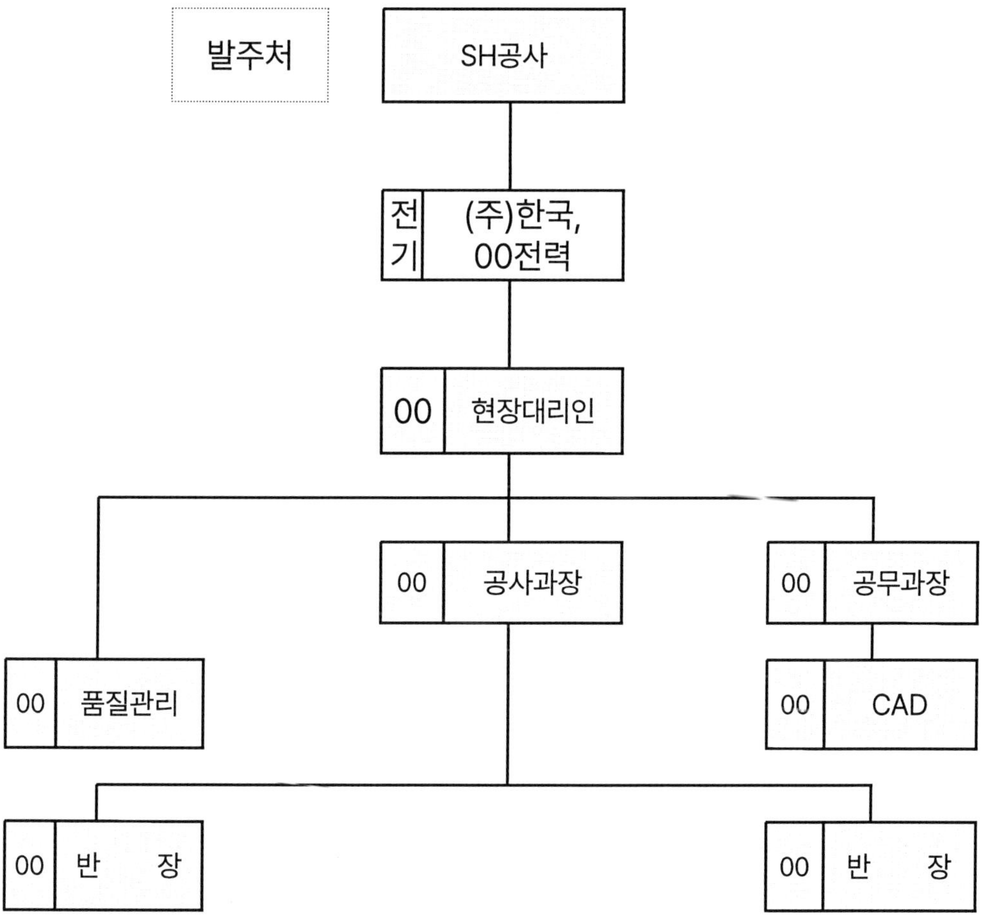

문서번호	시공-007	시공계획서	총페이지	8/17
개정번호	0		개정일자	
공사명 : 00도시개발사업 전기공사				

5.0 공사관련 조직표

(주)00 조직표

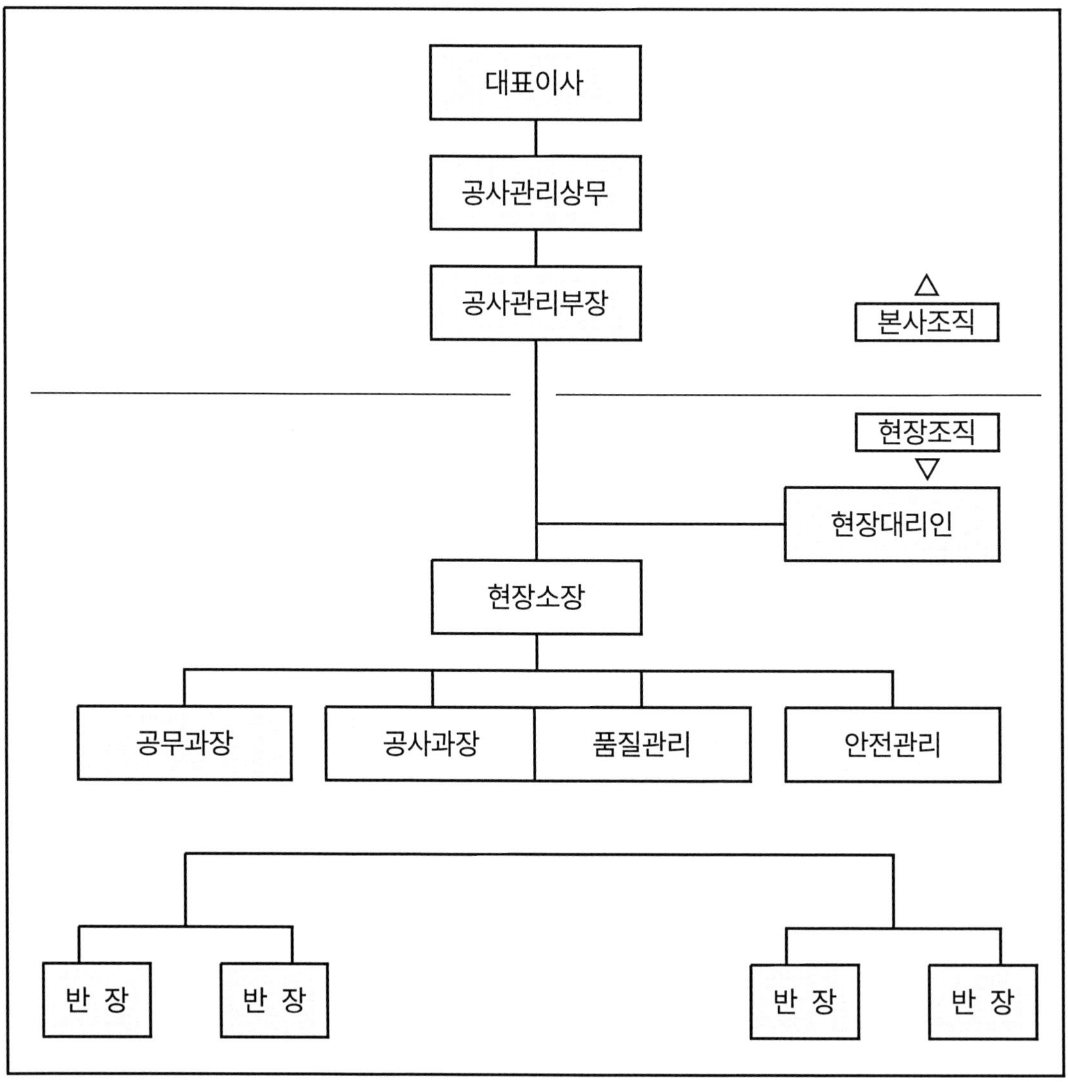

문서번호	시공-008	시공계획서	총페이지	9/17
개정번호	0		개정일자	
공사명 : 00도시개발사업 전기공사				

5.1 현장소장 관련업무

현장소장은 현장의 총책임자로서 대외적으로 회사를 대표하고 현장에서 발생하는 모든 업무를 효과적으로 지휘 통솔한다. 또한 현장여건상 필요한 경우 현장소장은 현장공사팀장, 현장공무팀장 및 품질관리요원의 업무를 겸할 수 있다.

1) 시공계획서 작성업무 관장
2) 품질시스템, 시공계획서 등의 규정 및 업무절차 준수
3) 현장직원의 선정 및 조직구성에 관한 협조
4) 실행예산의 작성협조 및 집행
5) 공법지시, 공정수행, 안전 및 품질관련 업무 관장
6) 발주자 및 대관관계 업무
7) 기성신청 및 기성수령 업무 협조
8) 공사 전반에 대한 본사보고 업무, 대표이사의 특명사항
9) 부적합 사항, 시정 및 예방조치 사항의 관리

5.2 현장공사팀장 관련업무

현장공사팀장은 시공 및 안전과 관련된 모든 업무를 총괄 수행한다. 또한 현장여건상 필요한 경우 현장공사팀장은 시공담당 및 안전담당의 업무를 겸할 수 있다.

1) 시공담당(공사기술) 관련업무

(1) 발주자 제공 도면 및 시방서 검토
(2) 시공계획서 작성 및 기술 관리
(3) 인력, 자재, 장비 및 공구류의 효율적인 수급조절
(4) 월간공사계획서 작성
(5) 시공계획 및 시공업무에 관한 집행
(6) 자재청구 및 검수에 관한 지원
(7) 지급자재의 수입검사에 관한 지원
(8) 검사 및 시험 계획서 작성 및 검사요청

(9) 부적합보고서에 대한 처리 이행
(10) 시공기술에 관한 업무(시공방법 개선)
(11) 특수공정 작업자 및 작업 관리
(12) 현장작업일보 작성 및 보고 업무
(13) 해당분야에 대한 공사업무

2) 안전담당 관련업무

(1) 시설물 및 작업장의 위험방지
(2) 안전장치, 보호구, 소화설비, 위험방지시설 설치, 점검, 정비
(3) 안전작업에 대한 훈련 및 교육
(4) 사고가 발생한 경우 원인 및 경위조사와 대책수립
(5) 소화 및 피난의 훈련
(6) 안전관리요원의 감독
(7) 현장안전일지 와 안전에 관한 기록의 작성 비치
(8) 산재 업무 및 근로자 재해사항 처리업무
(9) 안전관리비 실행에 관한 집행 및 관리
(10) 기타 안전보건관리규정에서 정한 사항

5.3 현장공무팀장 관련업무

현장공무팀장은 공무, 총무, 경리, 노무 및 전산과 관련된 업무를 총괄 수행한다. 또한 현장여건상 필요한 경우 현장공무팀장은 공무담당, 총무담당, 경리담당, 노무담당 및 전산관련 업무를 겸할 수 있다.

1) 공무담당 관련업무

(1) 대 발주자 기술행정 업무 및 공사문서관리(계약서류 포함)
(2) 실행예산 통제 및 공사원가 관리
(3) 공정관리, 검토, 분석 및 공정보고
(4) 기성고 작성, 정산 및 준공처리 업무

문서번호	시공-010	00계획서	총페이지	11/17
개정번호	0		개정일자	
공사명 : 강일도시개발사업 전기공사				

(5) 현장 자금청구업무 지원
(6) 설계 및 설계변경 업무
(7) 협력업체 선정 및 관리에 관한 업무
(8) 공사비 절감방안 연구
(9) 공사이력 기록 및 관리 업무

2) 총무담당 관련업무

(1) 회사인(사용인감 등) 및 직인 관리
(2) 차량의 관리
(3) 통신업무
(4) 인 허가에 관한 사항 및 유관기관과의 협조 및 섭외업무
(5) 대 발주자 관계의 행정관련업무
(6) 당 숙직에 관한 업무
(7) 집기, 비품, 피복, 사무용품 등의 조달 관리
(8) 직원 근태와 복무규율
(9) 문서수발, 보관 및 관리
(10) 직원 숙식 및 복리후생
(11) 각종 관리업무의 보고 주관
(12) 기타 기술이외 업무로 다른 팀에 속하지 않는 사항

3) 경리담당 관련업무

(1) 금전출납 및 자산의 관리
(2) 채권 및 채무에 대한 대장기록
(3) 현금 입출금에 따른 각종 증빙서류 보관
(4) 현장경비의 예산통제 및 원가계산
(5) 출납일보 및 자금청구서 작성
(6) 기타 경리에 관련되는 제반사항
(7) 현장의 일일수입, 지출현황 및 시재 파악

4) 노무담당 관련업무

(1) 실행예산에 의한 기능공 동원계획, 출역점검 및 임금사정
(2) 경비원 등 현장 인력관리 및 현장 임시직원 채용 품의
(3) 노임 투입에 대한 제 장부기록
(4) 노임집계표 작성, 노임청구 및 지급
(5) 현장 임시직원 등 현장인원 근태상황 기록

5.4 품질관리요원 관련업무

1) 품질관리요원 관련업무

(1) 검사 및 시험 계획서 검토, 대 발주자 협의 및 시행
(2) 부적합보고서 작성 및 이행 확인
(3) 제반 품질문서 관리 및 기록의 유지
(4) 자재청구서 및 협력업체 승인 요청서 검토
(5) 특수공정 작업자 자격관리
(6) 구매자재 및 지급자재 수입검사
(7) 각종 검사 및 시험업무 수행, 품질관리
(8) 공사원가 절감을 위한 기술개발
(9) 측정기기 관리 및 기타 관련업무

2) 자재담당 관련업무

(1) 자재소요계획서 작성
(2) 자재청구서 작성 및 현장구매 자재구입
(3) 지급자재 인수 및 불출
(4) 자재 식별, 저장 및 보관 등의 관리 업무, 검수업무 지원,
(5) 자재 입출고 및 재고관리(기자재 식별의 유지관리)
(6) 기자재 수리 점검(장비, 공구류 제외)
(7) 기자재 대장기록 및 보관
(8) 자재의 전 출입 관리
(9) 기타 자재에 관련 제반업무

문서번호	시공-012	시공계획서	총페이지	13/17
개정번호	0		개정일자	
공사명 : 00도시개발사업 전기공사				

3) 장비(공구류)담당 관련업무
   (1) 장비 및 공구류의 인수 및 철수
   (2) 장비 및 공구류의 보관 및 이동
   (3) 장비 및 공구류 취급 인원의 근태 관리와 교육
   (4) 현장 장비 및 공구류의 수리 정비 관리

5.5 안전관리 요원의 임무

1) 시설물의 안전관리 업무 전담
2) 시공 및 안전 장구류 지급 및 안전 교육 실시
3) 안전관리비 적정사용 여부 판단
4) 안전 보건 관리규정에 정한 사항

문서번호	시공-013	시공계획서	총페이지	14/17
개정번호	0		개정일자	
공사명 : OO도시개발사업 전기공사				

6.0 시공계획

6.1 시공계획을 위한 업무 FLOW CHART

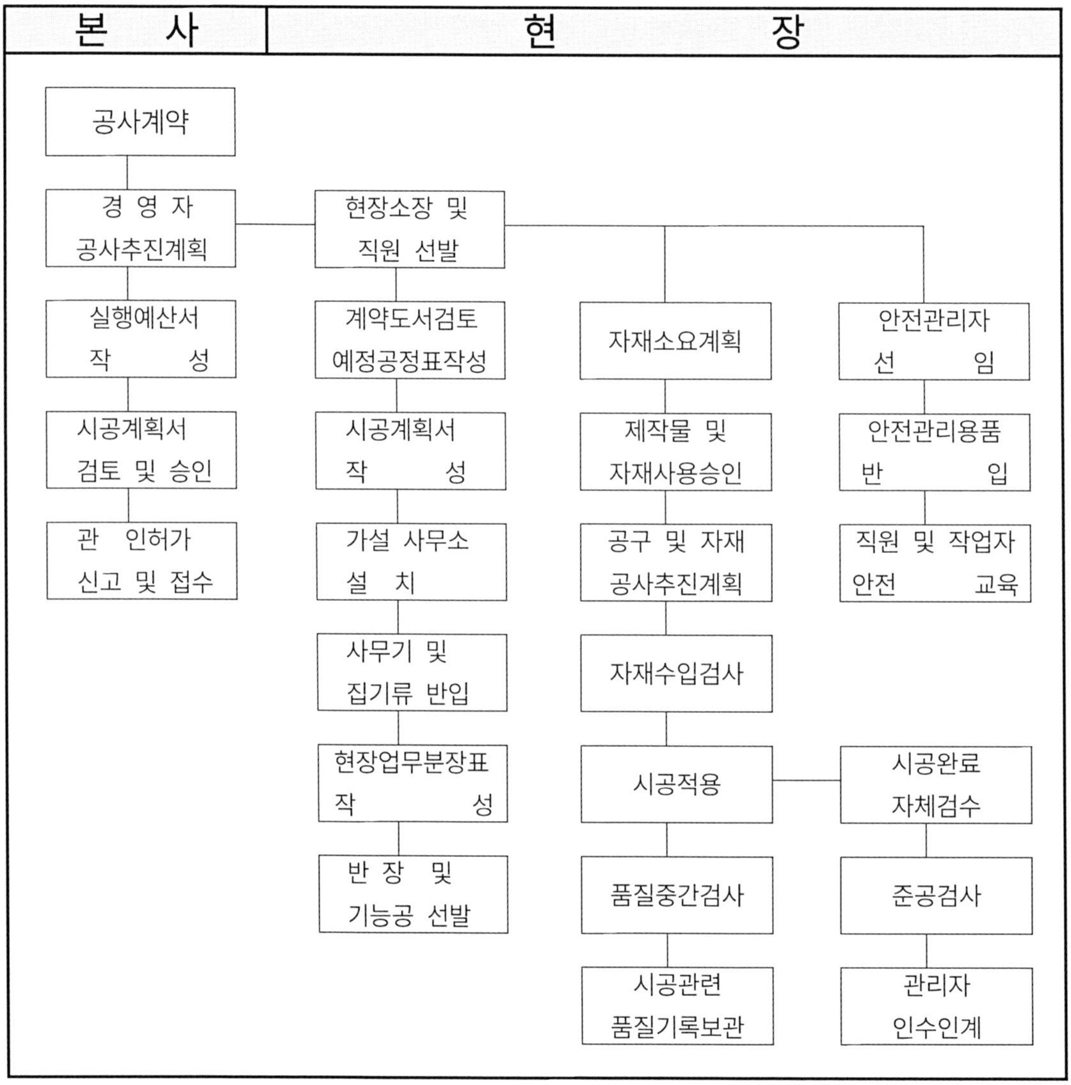

문서번호	시공-014	시공계획서	총페이지	15/17
개정번호	0		개정일자	
공사명 : OO도시개발사업 전기공사				

6.2 전기공사 시공계획

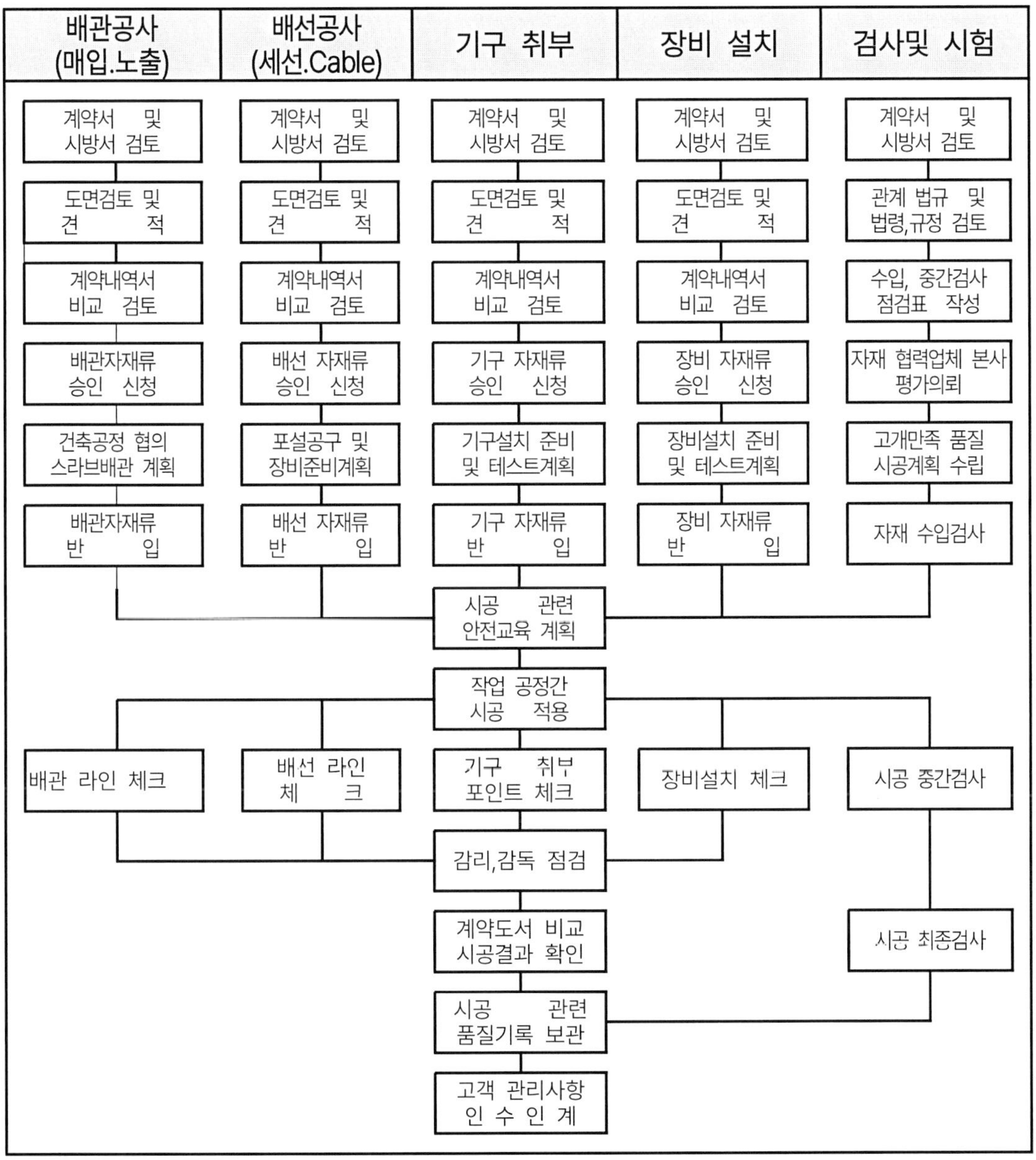

문서번호	시공-015	시공계획서	총페이지	16/17
개정번호	0		개정일자	
공사명 : OO도시개발사업 전기공사				

7.0 가설 사무실 설비 계획서

번호	품명 및 규격	단위	수량	단 가	금 액	설 치 개 요
1	콘테이너 3m*6	대	1			창고용
2	콘테이너 3m*6	대	1			사무실
3	컴퓨터및프린터	SET	1			업무용
4	팩시밀리	대	1			업무용
5	전화기	대	1			업무용
6	책상및의자	SET	2			업무용
7	캐비넷	대	2			서류보관용
8	복사기	대	1			업무용
9	무전기	대	2			공사용
10	현장인터넷	회선	1			업무용
	-이하여백-					

문서번호	시공-016	시공계획서	총페이지	17/17
개정번호	0		개정일자	
공사명 : OO도시개발사업 전기공사				

8.0 주요자재 조달계획

자 재 명	수량	단위	제작기간	검 수	납품일자	비 고
전선관(PE)	25,682	M	2주	납품시	2008.12.31일까지	2022준공예정일 09.07.27
가로등,제어반기초	636	개소	1개월	납품시	2008.12.31일까지	
케이블	111,423	M	1개월	납품시	2008.12.31일까지	
가로등주	437	본	2개월	각타입별샘플1본, 납품시	2009.06.30일까지	
공원등주	115	본	2개월	각타입별샘플1본, 납품시	2009.06.30일까지	
통합폴	46	본	2개월	각타입별샘플1본, 납품시	2009.06.30일까지	
제어반	38	본	2개월	제작70%때와 납품시	2009.06.30일까지	